苏北乡村振兴模式研究

模式研究
—— 以江苏省东海县为例

◎ 李全新　张怀志　李翰政　著

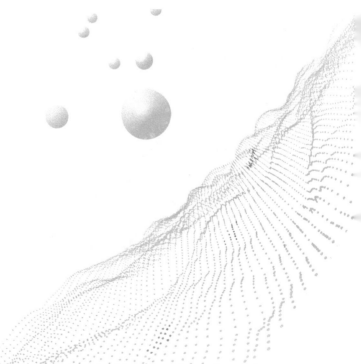

中国农业科学技术出版社

图书在版编目（CIP）数据

苏北乡村振兴模式研究：以江苏省东海县为例／李全新，张怀志，李翰政著 . --北京：中国农业科学技术出版社，2021.10

ISBN 978-7-5116-5424-3

Ⅰ.①苏…　Ⅱ.①李…②张…③李…　Ⅲ.①农村-社会主义建设-研究-东海县　Ⅳ.①F327.534

中国版本图书馆 CIP 数据核字（2021）第 144856 号

责任编辑	金　迪　张诗瑶
责任校对	贾海霞
责任印制	姜义伟　王思文

出 版 者	中国农业科学技术出版社
	北京市中关村南大街 12 号　邮编：100081
电　　话	（010）82109705（编辑室）　　（010）82109702（发行部）
	（010）82109709（读者服务部）
传　　真	（010）82109698
网　　址	http://www.castp.cn
经 销 者	各地新华书店
印 刷 者	北京建宏印刷有限公司
开　　本	170 mm×240 mm　1/16
印　　张	14
字　　数	260 千字
版　　次	2021 年 10 月第 1 版　2021 年 10 月第 1 次印刷
定　　价	86.00 元

前　言

习近平总书记在党的十九大报告中明确提出了实施乡村振兴战略。根据《中共中央　国务院关于实施乡村振兴战略的意见》，出台了《乡村振兴战略规划（2018—2022 年）》，按照产业兴旺、生态宜居、乡风文明、治理有效、生活富裕的总要求，对实施乡村振兴战略作出阶段性谋划，也提出了实施乡村振兴战略的路线图和时间表。

县域是乡村振兴的主战场。县域作为城乡融合发展的重要切入点，强化统筹谋划和顶层设计，破除城乡分割的体制弊端，加快打通城乡要素平等交换、双向流动的制度性通道。国务院《关于促进乡村产业振兴的指导意见》指出："乡村产业振兴根植于县域""强化县域统筹""推进镇域产业聚集""促进镇村联动发展"。

东海县地处江苏省的北部，北临山东，东向大海，2019 年常住人口124.55 万人，地区生产总值 526.29 亿元，农村居民人均可支配收入 18 782元，粮食总产量 116.62 万 t，分别在江苏省 41 个县市中排名第 7 位、第 30位、第 31 位和第 3 位，可以看出东海县是人口大县和农业大县。因此，作为全国乡村振兴的沿海县、东部县，东海县率先实施乡村振兴，实现高水平的农村全面小康，夯实农业农村基本现代化的基础，实现由脱贫攻坚到乡村振兴的转型，破解农民增收难题及推动农村改革的模式和做法对我国其他类似地区实施乡村振兴战略具有示范作用。

中国农业科学院和东海县有长期的科技合作，在东海县建立了农业科学试验站，为其产业发展提供了强大的科技支撑。乡村振兴战略和科教兴国战略、创新驱动发展战略等七大战略提出后，中国农业科学院顺势而为，在全国范围遴选出包括东海县在内的 4 个县作为首批乡村振兴科技支撑示范县。为了做好东海县乡村振兴的科技支撑工作，作者对东海县乡村振兴模式进行了深入研究，此书就是研究的部分成果。

乡村振兴，产业兴旺是重点。在认真分析东海县现有产业的基础并结合国内外发展形势，本书强调东海县依托现有的六个国家地理标志产品，借助"连天下"区域品牌，实施质量兴农；坚持"基地支持、特色成块、产业成带、集聚发展"原则，提升传统的种植养殖业、做大休闲农业和乡村旅游产业、做强农产品加工流通业、做优水晶柳编等乡土特色产业、壮大乡村新型服务业、着力培养新产业及新业态；构建现代农业经营体系、壮大集体经济、促进农户和现代农业发展有机衔接。

乡村振兴，生态宜居是关键。生态宜居是在推动农民就地城镇化的基础上，为尚留在村庄里的农民提供良好的生活条件和发展环境。本书在优化东海县国土空间布局的前提条件下，从优化村庄布局、推进乡村产业绿色发展、实施绿色东海行动、人居环境提升和生态环境保护文化及保护制度等方面构建东海乡村宜居模式体系。在基本公共设施完备和基本公共服务到位的前提下，保证东海乡村整体环境是生态和宜居的。

乡村振兴，乡风文明是保障。乡风文明是乡村优秀文化蕴含的道德风尚、民俗规范、精神价值、思想观念等，是社会主义核心价值观、现代人文精神、文明素养和科学知识结合的产物。本书从宣传社会主义核心价值观和习近平新时代中国特色社会主义思想、文明村镇创建、优秀传统文化传承、文化惠民、乡村文化人才培育和科技文化融合等方面构建东海乡风文明模式。

乡村振兴，治理有效是基础。有效治理、良性善治必然带来有条不紊的乡村秩序，从而对推动产业发展、保护生态环境、淳化良好乡风、改善农民生活产生直接影响，为乡村振兴提供有力保障。村财镇管、村级民主规范运行、八项规定、纪委督查、从严治党等制度进村，本书从提升农村基层党组织能力、完善乡村自治、健全乡村法治、重塑乡村德治、实施乡村数字治理和强化基层支部攻坚等方面构建东海乡村治理模式体系。

乡村振兴，生活富裕是根本。伴随着农村青壮年劳动力在城市充分就业、农地适度规模经营成风气、农业补贴增加、农村社会政策不断完善，东海乡村基本上实现了生活宽裕的目标。在此基础上，本书在城乡统筹规划、提升农村基础设施水平、增加农村公共服务供给（教育、医疗卫生体系、社会保障等）和加强农业农村灾害风险管理体系的前提下，从补齐短板、拓宽乡村劳动力就业渠道、实施农民收入提增工程和农民职业技能提升等方面构建东海生活富裕模式体系。

乡村振兴需要在政策、技术、组织、业态等方面创新。政策创新涉及土地管理制度创新、金融政策、城乡融合发展创新、农民工进城落户、人才管理制度等，技术创新的领域更多，如生物技术、信息技术和机械装备技术在乡村振兴中应用；组织创新包括村委管理制度，多部门协调机制等；业态创新包括经营模式创新、产品创新等。东海县委、县政府在乡村振兴实施过程中需要不断探索、总结，需要不断创新，出台全方位的保障措施，以保障乡村振兴的顺利实施。

乡村振兴是一个系统工程，牵涉乡村产业、生态宜居、乡风文明、乡村治理、生活富裕等方方面面，需要研究的内容很多。中国农业科学院对东部沿海的东海县乡村振兴科技支撑工作作出部署，结合东海县乡村振兴规划，做了乡村振兴发展模式的研究，这些工作远远不能满足乡村振兴实施的需要，还需要在东海乡村振兴的实践中，深入陪伴式调查研究，不断修正、提炼、总结。

本书作者学识与水平有限，不妥之处在所难免，敬请读者批评指正。

著　者
2021 年 8 月

目　　录

第一章 研究背景

第一节 乡村振兴战略提出的背景

自古以来，中国就是屹立于世界东方的农业大国。无论遭遇怎样的天灾人祸，中国人总能够依靠农业生产最终突出重围、克难奋进，不仅屡屡强国富民，而且经常怀柔四方，不断在华夏神州创造出光辉灿烂的物质文明，并塑造出炎黄子孙勤劳智慧、不屈不挠的精神秉性。可以说，几千年的中国历史很大程度上就是一部农业历史、农民历史和农村历史。

在中华文明历史长河中，人们对于美好现实生活的热情向往，以及对理想社会形态的不懈追求，是通过农业领域与农村社会来描绘和编织美丽的物质世界与精神世界。中国传统文学作品对于山水田园生活诗情画意的描绘，使得今天的人们对于传统农业生活充满了向往之情。

一、"三农"问题由来

（一）中国古代社会并无"三农"问题

中国自夏商周到明清，长达数千年的古代社会（包括奴隶社会、封建社会、半殖民地半封建社会），是纯粹意义上的农业社会。

首先，农业本身具有无可替代的特殊性质和崇高地位。古代社会没有其他经济领域可以与农业争锋，以承担起支撑国计民生"中流砥柱"的功能，"民以食为天"就是具体体现。农业形态的"一枝独秀"或"一业独重"不仅是社会的经济基础，也是国家的支柱产业，更是朝廷的财富源泉。一般来说，农业产能的大小与供给水平的高低，直接体现着国家综合经济实力的强弱，对政权兴衰存亡亦具有决定性作用。如果农业形势好，物产丰富、人丁兴旺，赋税和徭役便可像取之不尽、用之不竭的涌泉；如果遭遇天灾人祸，农业凋敝，流民四散，社会秩序便会随之陷入风雨飘摇之中。所以，农业对于促进社会政治稳定和国家长治久安的重大现实作用，迫使历朝历代头脑比较清醒的统治者对农业保持高度警惕，均不敢有半点疏忽，大多都是殚精竭虑，积极推行轻徭薄赋、劝课农桑、兴修水利、安辑流民、储粮备荒等兴农惠农政策，从而使农业生产活动得以顺风顺水、平安前行。

其次，中国历史上虽然很早就出现了大大小小星罗棋布的城镇，但大多属于农业社会行政区划中的官府所在地或重要军事据点，而不是独立于农业之外的新型城市经济体系。宋、元之后，特别是明、清时代，城镇开始加快发展，孕育出诸如汉口镇、乌镇、南浔镇、景德镇、朱仙镇、周村等规模较大的工商业城市格局和资本主义生产关系萌芽。然而，一直到鸦片战争爆发，绝大多数城镇仍然不具备现代城市的基本功能，也没有当今市民的权利概念，更谈不上城镇政府能够不断提供明显优于农村的社会公共服务。由于国家占统治地位的仍然还是小农经济形态，无论城镇大小、远近，亦还得要从紧密围绕对农村农业的服务来寻找自己存在与发展的价值。因此，国家对城镇与农村的治理模式，始终未形成截然对立的制度化管理体系，相互完全处于开放状态，各种生产要素均可以平等自由地双向流动，甚至更多地向广大农村倾斜。最典型的传统是有钱的城里人往往都会到农村去置良田、建豪宅、当地主，官员到了退休年龄则都要携家眷与财产，告老还乡以颐养天年。

最后，城镇居民与农村农民在身份、地位上几乎没有任何区别。中国历朝历代的中央政权在经济工作上实行的基本国策，大都是"重农抑商"或"重本抑末"，一言以蔽之，即把农业当作治国安邦的根本大事和中心工作来抓，采取一系列督促、鼓励、支持农业生产的措施。在国家经济、政治、文化政策的制订与推行过程中，总是有意地朝着有利于农业繁荣发展的方向倾斜。农民的社会地位则很高，阶层排序上仅次于官员与知识分子，谓之"士农工商"，占社会主流或在绝大多数人们心目中根深蒂固的价值观，便是"耕读传家"。五代章仔钧《章氏家训》中讲"传家二字，曰耕与读；兴家二字，曰俭与勤"。元代王冕《耕读轩》中讲"犁锄负在肩；牛角束一书"。明代徐勃《过荆屿访族兄文统逸人隐居》中讲"半榻暮云推枕卧；一犁春雨挟书耕"。明末清初理学家张履祥在《训子语》中讲"读而废耕，饥寒交至；耕而废读，礼仪遂亡"。中国历史上社会动荡动乱时，不少知识分子失去做官的机会，或不愿在动乱时做官，于是，在乡间务农。其中，有些人将自己的心得写出来，就成了农书，所以说中国历史上动乱时期，往往也是农书大量出现的时期。

（二）近代社会"三农"问题初露端倪

时光的脚步进入了近代，特别是晚清"办洋务"与"推新政"之后，国家的经济结构、社会结构和政治结构开始出现了一些"千古未有之变局"。首先是新型工商业经济活动的崛起逐渐替代农业成了国家的经济命脉；其次是一批区域经济社会的发展中心如雨后春笋般茁壮成长，并为近代城市化的建设进程鸣响了笛声。资本主义的"西风东渐"使得中国几千年传统的主流价值观即"读书立德、农耕守家"的精神信仰和生活方式从此不断受到全面挑战。不少农民通过各种信息渠道陆续发现，作为政治、经济和文化中心的城市交通发达、信息富集、通信便利、工商兴旺，不仅生活水平与生活质量非偏僻闭塞的农村可以比较，而且到处还潜伏着许多足以改变农民贫穷命运和跻身于上层社会的奋斗机遇。由于城乡二元生活方式与价值观念的渐次出现，祖祖辈辈一直为之自豪的男耕女织的田园风光便不再是他们顽强坚守的理想境界，大山外面与小溪尽头精彩的城市世界尽管有太多的未知风险，但他们仍然成群结队、义无反顾地脱离农业、冲出农村、走向城市。因而，晚清以来大量农村人口不断地涌入城市既是近代城市得以迅速发展的客观条件，也是不以政府意志为转移的时代潮流，中国城乡二元结构进入萌芽阶段。

此阶段城市发展和农村还存在牢不可破的关系。例如，像当时上海这样的大城市还没有西方那样发达的下水道系统，城市人口的排泄物和污水完全依靠来自周边农村的农民每天清晨一桶一桶地将之运往农村，制作成为有机肥再应用到农田中，最终完成城市废弃物的无害化处理。据测算，每天将100万成年人的粪便施用于田间可以给土壤带来超过1t的磷和超过2t的钾。

（三）新中国成立后"三农"问题逐渐形成

1. 新中国农业农村发展道路

1949年10月1日，新中国成立，翻身农民分到了田地，实现了耕者有其田，但仍有部分农民沿着近代农民进城之路，携老扶幼向城市跋涉迁移。据《中国统计年鉴》记载，从1949—1953年的短短4年间，中国城市人口净增了2 016万人。由于新中国成立初我国的现代工商业尚不发达，城市建设与管理水平也相当落后，加之多数农民文化知识少、劳动技能差、很难在城市较好地就业，不可避免地导致城市生活秩序的混乱甚至出现各种社会治安问题。为此，政务院于1953年4月17日下发《关于劝止农民盲目流入城市的指示》，要求各地采取有效措施劝阻农民进城。

在当时的历史背景与现实条件下，要想阻止各地农民大规模地向城市流动，仅靠政策宣传是不够的，国家还实施了一个由各方面制度严密配套的系统工程，即统购统销化、农业合作化、人民公社化和户籍管理制度。

尤其是《中华人民共和国户口登记条例》的颁布实施，标志着中国以严格限制农村人口向城市流动为核心的户籍管理制度的正式形成，也标志着中国城乡二元结构体系的全面"完工"。至此，城镇居民与农村农民的差异不仅仅只是劳动职业上的不同，而是身份地位与人权待遇的区别。这是一条完全依靠强大行政力量挖成的人与人之间真正巨大的、无法逾越的社会"鸿沟"。

2. 新中国工业发展拉大了城乡差距

中华人民共和国成立后，中国工业生产能力不断提升，截至今日，建立了完备的涵盖 39 个大类、191 个中类、525 个小类全部工业门类的现代工业体系。1992 年中国工业增加值突破 1 万亿元大关，2007 年超过 10 万亿元，2012 年突破 20 万亿元，2018 年突破 30 万亿元。作为现代工业核心组成部分的制造业，一直保持着较快的增长速度。1990 年，中国制造业增加值占全球制造业增加值的比例为 2.7%，居全球第 9 位；2000 年制造业占比上升到 6.0%，居全球第 4 位；2007 年占比达到 13.2%，居全球第 2 位；2010 年占比提高到 19.8%，居全球第 1 位。此后，中国制造业增加值在全球的占比一直占据第 1 位的位置。同时，中国有 221 种主要工业产品生产量稳居世界第 1 位。按可比口径计算，2018 年全国规模以上工业企业实现利润总额 6.64 万亿元，比 2017 年增长 10.3%。2018 年规模以上工业企业实现主营业务收入 102.2 万亿元，比 2017 年增长 8.5%；主营业务收入利润率为 6.49%，比 2017 年提高 0.11 个百分点。这些数据充分显示了中国工业的发展成就及其对中国经济的影响。

工业成绩取得辉煌进展离不开农业农村支撑。新中国成立时，我国工业基础薄弱，国家贫穷落后，为了发展工业，国家通过农业支持工业，获取工业发展所需资金。

由于国家长时期偏重工业化、城市化发展，对农业缺乏有效投入，相反对农业大量索取吸吮，农业当然不可能依靠自己的力量来实现生产要素的改造提升，也无法承担起推动农业生产方式由传统向现代转型的历史责任。"两袖清风"的农民也只能在"老天爷"惠顾的年景里维持"温饱型"的最低生活水平和简单再生产。与发达国家走过的道路相比，我国工业化、城市化基本也是同步发展的，但是我国农村的农民占据人口大多数，工业总体发展水平不高，反哺农业农村能力较低，所有这些拉大了我国城乡居民收入、城市与农村基础设施建设、城镇与农村社会保障等各个方面的差距，也是中国"三农"问题得以"横空出世"，而且久治不愈的真正因素。

二、中央一号文件解决"三农"问题的历程

改革开放是决定当代中国命运的关键一招，我国的改革是从农村开始的。

1982年1月1日，中共中央转批《全国农村工作会议纪要》，即改革开放以来第1个关于"三农"问题的中央一号文件，文件肯定多种形式的责任制，特别是包干到户、包产到户。文件明确指出包产到户、到组，包干到户、到组，都是社会主义集体经济的生产责任制，明确"它不同于合作化以前的小私有的个体经济，而是社会主义农业经济的组成部分"。并第1次以中央的名义取消了包产到户的禁区，且宣布长期不变。1983年1月，改革开放以来的第2个关于"三农"问题的中央一号文件《当前农村经济政策的若干问题》正式颁布。文件聚焦放活农村工商业，从理论上说明了家庭联产承包责任制"是在党的领导下中国农民的伟大创造，是马克思主义农业合作化理论在我国实践中的新发展"；文件提出了"两个转化"，即促进农业从自给半自给经济向较大规模的商品生产转化，从传统农业向现代农业转化；文件还提出，我国农村应走农林牧副渔全面发展、农工商综合经营的道路；适应商品生产的需要，发展多种多样的合作经济，合作经济的生产资料公有化程度，按劳分配方式以及合作的内容和形式，可以有所不同；要坚持计划经济为主，市场调节为辅的方针，调整购销政策，改革国营商业体制，放手发展合作商业，适当发展个体商业。1984年1月1日，中共中央、国务院发出《关于一九八四年农村工作的通知》，即改革开放以来的第3个关于"三农"问题的中央一号文件。文件聚焦发展农村商品生产，强调要继续稳定和完善联产承包责任制，规定土地承包期一般应在15年以上，生产周期长的和开发性的项目，承包期应当更长一些，允许有偿转让土地使用权；鼓励农民向各种企业投资入股；继续减少统派购的品种和数量；鼓励发展社队企业允许农民自理口粮进城镇做工、经商、办企业。

1985年1月，中共中央、国务院发出《关于进一步活跃农村经济的十项政策》，即改革开放以来的第4个关于"三农"问题的中央一号文件。文件聚焦取消了30年来农副产品统购派购的制度，对粮、棉等少数重要产品采取国家计划合同收购的新政策。1986年1月1日，中共中央、国务院下发了《关于一九八六年农村工作的部署》，即改革开放以来的第5个关于

"三农"问题的中央一号文件。文件聚焦增加农业投入，调整工农城乡关系；文件指出我国是"十亿人口、八亿农民"的大国，绝不能由于农业情况有了好转就放松农业，也不能因为农业基础建设周期长、见效慢而忽视对农业的投资，更不能因为农业占国民经济产值的比例逐步下降而否定农业的基础地位。但应该看到，自1985年起，我国的城乡发展战略有所改变，国民经济收入分配的格局又开始向城市倾斜，工作重心又向城市转移，农村改革的力度削弱了，1985年农业减产，粮食减产7%。从此，农村的形势发展时好时坏，时晴时阴，又走上了曲折发展的道路，1997—2003年，我国农民人均年收入增速大幅低于城镇居民收入增速，城乡收入差距不断扩大。

2004年1月，针对全国农民人均纯收入连续增长缓慢的情况，《中共中央 国务院关于促进农民增加收入若干政策的意见》下发，成为改革开放以来的第6个关于"三农"问题的中央一号文件。文件聚焦农民增收，旨在通过有力的举措尽快扭转城乡居民收入差距不断扩大的趋势；文件提出了对种粮农民的直接补贴、良种补贴、农机补贴"三项补贴"，深化粮食流通体制改革，降低农业税负等最直接有效地促进农民增收的系列措施，开启了城乡统筹和"多予、少取、放活"的政策进程。2005年1月30日，《中共中央 国务院关于进一步加强农村工作提高农业综合生产能力若干政策的意见》下发，即改革开放以来的第7个关于"三农"问题的中央一号文件。文件聚焦提高农业综合生产能力，继续坚持"多予、少取、放活"的方针，加大"两减免、三补贴"等政策实施力度，明确了稳定、完善支持粮食生产的有关政策，继续实行最低收购价政策。2005年10月，党的十六届五中全会通过《中共中央关于制定国民经济和社会发展第十一个五年规划的建议》，提出要按照"生产发展、生活宽裕、乡风文明、村容整洁、管理民主"的要求，扎实推进社会主义新农村建设。

2006年2月，《中共中央 国务院关于推进社会主义新农村建设的若干意见》下发，文件历史性地提出在全国范围取消农业税；还聚焦社会主义新农村建设。2007年1月29日，《中共中央 国务院关于积极发展现代农业扎实推进社会主义新农村建设的若干意见》下发，文件聚焦发展现代农业。2008年1月30日，《中共中央 国务院关于切实加强农业基础建设进一步促进农业发展农民增收的若干意见》下发，文件聚焦农业基础设施建设，加大"三农"投入。文件要求巩固、完善、强化强农惠农政策，提升农业科技、人才、服务等支撑能力，提高农村生产和农村生活的基本公共服务水平，首次提出建立新型农村社会养老保险制度，强调保障农民土地权益。

2009 年 2 月 1 日，《中共中央 国务院关于 2009 年促进农业稳定发展农民持续增收的若干意见》下发，文件聚焦"农业稳定发展农民持续增收"，要求较大幅度增加农业补贴，提高政府对粮食最低收购价格的水平，增加政府农产品的储备，加强农产品进出口调控，加大力度解决农民工就业问题，将农村民生建设重点投向农村电网、乡村道路、饮水安全、沼气、危房改造等领域，农地流转强调进一步规范。2010 年 1 月 31 日，《中共中央 国务院关于加大统筹城乡发展力度进一步夯实农业农村发展基础的若干意见》下发，文件聚焦"统筹城乡发展加大强农惠农力度"，明确要求推动资源要素向农村配置，首次提出促进农业发展方式转变，突出把农田水利作为农业基础设施建设的重点、良种培育作为农业科技创新的重点、主产区作为粮食生产支持政策的重点，提出深化户籍制度改革等系列举措。就"三农"投入首次强调"总量持续增加、比例稳步提高"，首次提出要在 3 年内消除基础金融服务空白乡镇。2011 年 1 月 29 日发布的《中共中央 国务院关于加快水利改革发展的决定》聚焦水利改革发展，旨在有效缓解水利"基础脆弱、欠账太多、全面吃紧"等问题，加快扭转农业主要"靠天吃饭"局面。文件首次全面阐释水利的重要地位，提出突出加强农田水利等薄弱环节建设、全面加快水利基础设施建设、建立水利投入稳定增长机制、实行最严格的水资源管理制度、创新水利发展体制机制等重要举措。2012 年 2 月 1 日发布的《关于加快推进农业科技创新持续增强农产品供给保障能力的若干意见》聚焦农业科技创新，明确了农业科技的公共性、基础性、社会性的定位，首次强调"三农"政策的强农惠农富农三大指向，提出推进农业科技创新、提升技术推广能力、发展农业社会化服务、加强教育科技培训等系列举措。2013 年 1 月 31 日发布的《中共中央 国务院关于加快发展现代农业，进一步增强农村发展活力的若干意见》聚焦"进一步增强农村发展活力"，要求新增补贴向主产区和优势产区集中、向新型生产经营主体倾斜，培育和壮大新型农业生产经营组织，首次提出发展家庭农场、建立严格的工商企业租赁农户承包耕地的准入和监管制度，强调建立归属清晰、权能完整、流转顺畅、保护严格的农村集体产权制度。

2014 年 1 月 19 日，新华社受权发布《关于全面深化农村改革加快推进农业现代化的若干意见》，文件聚焦农村改革，强调确保谷物基本自给、口粮绝对安全，提出建立农产品目标价格制度、最严格的食品安全监管制度、粮食主产区利益补偿与生态补偿机制、农业可持续发展长效机制等重要举措，系统提出农村土地产权改革的要求，确定了开展村庄人居环境整治、推进城乡基本公共服务均等化等重点工作。2015 年 2 月 1 日，《中共中央 国务院关于加大改革创新力度 加快农业现代化建设的若干意见》发布，文件聚焦"认识新常态，适应新常态，引领新常态"，首次提出推进农村一二三产业融合发展，明确推进农村集体产权制度改革与农村土地制度改革试点等工作，首次提出完善农产品价格形成机制，加强农村法治建设。2016 年 1 月 27 日，《中共中央 国务院关于落实发展新理念加快农业现代化 实现全面小康目标的若干意见》发布，文件继续聚焦农业现代化，首次提出推进农业供给侧结构性改革，要求着力构建现代农业产业体系、生产体系、经营体系，实施藏粮于地、藏粮于技战略，提出推进"互联网+"现代农业、加快培育新型职业农民、推动农业绿色发展、培育壮大农村新产业新业态等创新措施。2017 年 2 月 5 日，《中共中央 国务院关于深入推进农业供给侧结构性改革 加快培育农业农村发展新动能的若干意见》发布，文件聚焦农业供给侧结构性改革，提出建设"三区三园一体"，大规模实施节水工程、盘活利用闲置宅基地，大力培育新型农业经营主体和服务主体，积极发展生产、供销、信用"三位一体"综合合作等创新举措。2018 年 1 月 2 日，《中共中央 国务院关于实施乡村振兴战略的意见》发布，文件指出农业农村农民问题是关系国计民生的根本性问题。没有农业农村的现代化，就没有国家的现代化。坚持把解决好"三农"问题作为全党工作重中之重，坚持农业农村优先发展，按照产业兴旺、生态宜居、乡风文明、治理有效、生活富裕的总要求，建立健全城乡融合发展体制机制和政策体系，统筹推进农村经济建设、政治建设、文化建设、社会建设、生态文明建设和党的建设，加快推进乡村治理体系和治理能力现代化，加快推进农业农村现代化，走中国特色社会主义乡村振兴道路，让农业成为有奔头的产业，让农民成为有吸引力的职业，让农村成为安居乐业的美丽家园。

三、乡村振兴战略的提出

2005 年 10 月，党的十六届五中全会通过《中共中央关于制定国民经济和社会发展第十一个五年规划的建议》，提出了"生产发展、生活宽裕、乡风文明、村容整洁、管理民主"的社会主义新农村建设总要求，这在当时是符合实际的。随着我国进入中国特色社会主义新时代，社会主要矛盾、农业主要矛盾发生了很大变化，广大农民群众有更高的期待，需要对农业农村发展提出更高要求。2017 年 10 月 18 日，中国共产党第十九次全国代表大会在人民大会堂开幕，习近平代表第十八届中央委员会向大会作了题为

《决胜全面建成小康社会 夺取新时代中国特色社会主义伟大胜利》的报告，在报告中提出实施"产业兴旺、生态宜居、乡风文明、生活富裕、治理有效"的20字乡村振兴战略方针。

实施乡村振兴战略，是着眼于解决我国社会主要矛盾提出来的。党的十九大作出我国社会主要矛盾已经转化为人民日益增长的美好生活需要和不平衡不充分的发展之间的矛盾的重大判断。习近平同志指出，我国发展最大的不平衡是城乡发展不平衡，最大的不充分是农村发展不充分。改变农业是"四化同步"短腿、农村是全面建成小康社会短板状况，根本途径是加快农村发展。党的十九大提出实施乡村振兴战略，就是为了从全局和战略高度来把握和处理工农关系、城乡关系，协调推进农村经济建设、政治建设、文化建设、社会建设、生态文明建设和党的建设，促进乡村全面发展。

实施乡村振兴战略，是党中央从党和国家事业全局出发，着眼于实现"两个一百年"奋斗目标提出来的。小康不小康，关键看老乡。习近平同志指出，如期实现第一个百年奋斗目标并向第二个百年奋斗目标迈进，最艰巨最繁重的任务在农村，最广泛最深厚的基础在农村，最大的潜力和后劲也在农村。从到2020年全面建成小康社会来看，最突出的短板在"三农"，必须打赢脱贫攻坚战、加快农业农村发展，让广大农民同全国人民一道迈入全面小康社会。从到2035年基本实现社会主义现代化来看，大头重头在"三农"，必须向农村全面发展进步聚焦发力，推动农业农村农民与国家同步基本实现现代化。从到2050年把我国建成社会主义现代化强国来看，基础在"三农"，必须让亿万农民在共同富裕的道路上赶上来，让美丽乡村成为现代化强国的标志、美丽中国的底色。实施乡村振兴战略，就是要从实现"两个一百年"奋斗目标全局出发，加快补齐"三农"短板，夯实"三农"基础，确保"三农"跟上全面建成小康社会、全面建设社会主义现代化国家新征程的步伐。

实施乡村振兴战略，是着眼于实现党的使命提出来的。中国共产党成立以后就一直把依靠农民、为亿万农民谋幸福作为重要使命。新民主主义革命时期，党领导农民"打土豪、分田地"，带领亿万农民求解放；社会主义革命和建设时期，党领导农民开展互助合作，发展集体经济，大兴农田水利，大办农村教育和合作医疗；改革开放以来，党领导农民实行家庭承包经营为基础、统分结合的双层经营体制，推动发展乡镇企业、农民进城务工，废除农业税，改善农村基础设施，发展农村社会事业，等等，都是为了让广大农民不断得到实实在在的利益。但同快速推进的工业化、城镇化相比，我国农业农村发展步伐还跟不上。习近平同志深刻指出，如果在现代化进程中把农村4亿多人落下，这不符合我们党的执政宗旨，也不符合社会主义的本质要求。我们要牢记亿万农民对革命、建设、改革做出的巨大贡献，把乡村建设好，让亿万农民有更多获得感，充分调动亿万农民的积极性、主动性、创造性。

实施乡村振兴战略，是着眼于为全球解决乡村问题贡献中国智慧和中国方案提出来的。从世界范围看，在现代化过程中，乡村往往要经历一场痛苦的蜕变和重生。有的国家由于没有处理好工农关系、城乡关系，不仅乡村和乡村经济走向凋敝，而且工业化和城镇化也走入困境，甚至造成社会动荡，最终陷入"中等收入陷阱"。迄今为止，还没有哪个发展中大国能够解决好农业农村农民现代化问题。经过多年努力，我国农村发展成就举世瞩目，很多方面对发展中国家具有借鉴意义。我国正在探索一条中国特色社会主义乡村振兴道路，我国干好乡村振兴事业，本身就是对全球的重大贡献。

有中国共产党领导的政治优势，有社会主义制度的优势，有亿万农民的创造精神，有强大的经济实力支撑，完全可以把实施乡村振兴战略这件大事办好。2019年2月20日，《中共中央 国务院关于坚持农业农村优先发展做好"三农"工作的若干意见》发布，从聚力精准施策，决战决胜脱贫攻坚；夯实农业基础，保障重要农产品有效供给；扎实推进乡村建设，加快补齐农村人居环境和公共服务短板；发展壮大乡村产业，拓宽农民增收渠道等方面对实施乡村振兴战略作出部署。2020年1月2日，《中共中央 国务院关于抓好"三农"领域重点工作确保如期实现全面小康的意见》发布，文件对标对表全面建成小康社会目标，强化举措、狠抓落实，集中力量完成打赢脱贫攻坚战和补上全面小康"三农"领域突出短板两大重点任务，持续抓好农业稳产保供和农民增收，推进农业高质量发展，保持农村社会和谐稳定，提升农民群众获得感、幸福感、安全感，确保脱贫攻坚战圆满收官，确保农村同步全面建成小康社会目标。2021年1月4日，中央一号文件《中共中央 国务院关于全面推进乡村振兴 加快农业农村现代化的意见》发布，文件坚持加强党对"三农"工作的全面领导，坚持农业农村优先发展，坚持农业现代化与农村现代化一体设计、一并推进，坚持创新驱动发展，以推动高质量发展为主题，统筹发展和安全，落实加快构建新发展格局要求，巩固和完善农村基本经营制度，深入推进农业供给侧结构性改革，把乡村建设摆在社会主义现代化建设的重要位置，全面推进乡村产业、人才、文化、生态、组织振兴，加快农业农村现代化，加快形成工农互促、城乡互补、协调发展、共同繁荣的新型工农城乡关系，促进农业高质高效、乡村宜居宜业、农民富裕富足。

第二节　国内外乡村振兴模式

一、国外乡村振兴模式

从已经实现现代化国家的发展轨迹来看，一个国家、一个地区要实现现代化，一般都是先从农业、农村取得资金，取得原始积累，取得农产品、农产工业原料，然后大办工厂、企业发展工业；而与此同时，农村的劳动力就大批进入工厂。工厂一般都建在交通要道，工厂聚集起来了，商业、服务业发展起来了，城市也就兴起了，大批农业人口转变为城市人口，所以工业化、城市化是同步的。等到工业化、城市化发展到一定程度，就开始反哺农业，用现代化的农业生产资料（农机、化肥、农药）武装农业，使农业现代化。与此同时，农村的农民已经成为少数了，在市场的作用下（有些是在政府干预下），农产品价格提高，农民的收入也逐步提高，接近或者高于城市居民收入的水平。等到城市工业发展了，国家财政雄厚了，再反哺农村，对农村进行道路、水利、电力、电信等方面的基础设施建设，使农村也现代化起来，实现城乡一体化。世界经济发达国家工业经济发达，同时人口少，尤其是农村人口数量少，所以这些国家在发展过程中并没有把"三农"问题联系起来，只有单纯的农业问题、农村问题、农民问题，至多也只是把农村、农民或农村、农业问题联系起来，不像我国出现"三农"问题。研究发达国家处理农业、农村、农民问题对我国仍有借鉴意义。

1. 日本

日本领土由北海道、本州、四国、九州 4 个大岛及 6 800 多个小岛组成，总面积 37.8 万 km^2，日本多山，山地和丘陵占国土总面积的 71%。人口总数约 1 亿 2 477 万人，日本经济高度发达，国民拥有很高的生活水平。2018 年，国内生产总值 4.968 万亿美元，居世界第 3 位（仅次于美国和中国），人均 3.93 万美元，是世界第 23 位，日本食用谷物自给率较低，农产品以进口型为主。

第二次世界大战后，日本政府为了提升社会发展的速度，实行了一套偏向城市的政策，注重发展城市工业，片面追求经济发展，以求快速推动整个国家的繁荣。在这种策略引导下，势必会导致城乡发展的不均衡，造成农村发展落后，农产品价格居高不下。

为了振兴农村，实现城乡一体化目标，大分县前知事平松守彦率先在全国发起了以立足乡土、自立自主、面向未来的造村运动。在政府的大力倡导与扶持下，各地区根据自身的实际情况，因地制宜地培育富有地方特色的农村发展模式，形成了为世人称道和效仿的"一村一品"模式。

日本"一村一品"的做法主要包括以下方面。

（1）开发地域农特产品。重点以地方资源禀赋优势为核心组建产业基地，开发、推广农特产品。

（2）增加农产品附加值。发展以农林牧渔产品及其加工品为原料的大规模、专业化工业生产，追求"短平快"发展，增加农产品附加值。

（3）重视发挥农协作用。发挥农协经营指导职能，引导农民统一种植和饲养等标准，开展联合销售和批量买卖，提高农民市场话语权。

（4）注重人才培养。通过完善教育指导模式，开设各类农业培训班、建立符合农民需求的补习中心，提高农民的综合素质和农业知识，既"造村"又"造人"。

（5）政府对农业生产活动给予大量补贴，支持农村发展。

对我国乡村振兴的借鉴意义。日本在具体的乡村治理实践中，非常讲究具体问题具体分析的思路，通过整合和开发本地传统资源，形成区域性的经济优势，从而打造富有地方特色的品牌产品，而不是探索适用于各地区的标准化乡村治理模式。我国地域更加辽阔，地形地貌更加多样，因此我国各地在实施乡村振兴战略时候，也要充分分析各地的资源禀赋等特色，打造特色农产品、特色村庄。其他关于"一村一品"发展的人才培养、政府给予大量补贴等政策，我们也应该借鉴实施。

2. 韩国

韩国总面积约 10 万 km²，低山、丘陵和平原交错分布，三面环海，总人口约 5 100 万人，经济高度发达，国民拥有很高的生活水平。2018 年，国内生产总值 1.619 万亿美元，居世界第 12 位，人均 3.13 万美元，是世界第 23 位。韩国现有耕地面积 175 900hm²，主要分布在西部和南部平原、丘陵地区，农业人口约占总人口的 6.8%。

20 世纪 70 年代，韩国重点发展工业经济、壮大城市发展，导致工农业发展严重失调、城乡收入差距悬殊、农村人口大量迁移带来的社会问题，韩国政府提出了"新村运动"。新村运动是以政府支援、农民自主和项目开发为基本动力和纽带，带动农民全民参与、自发、自觉的家乡建设活动。他们提出的基本精神是"勤勉、自助、合作"。韩国在新村运动的同时，传统的乡村景观也得以有效保护，极大地推动了韩国乡村旅游业和生态旅游业的发展。

韩国"新村运动"的主要做法包括以下方面。

（1）改变农业生产方式，推进现代农业发展。首先，推广"统一系"高产水稻，水稻产量短时间内迅速增长。其次，大力发展农业科技，建立健全良种供应、农业科技研发、农业机械推广、成果转化等科技服务体系，提高生产效率，促进粮食增产增效。再次，调整农业结构，增种经济类作物，建设专业化农产品生产基地，提升村民的经济收入。"农户副业企业"计划、"新村工厂"计划以及"农村工业园区"计划也都是政府为了优化农业产业结构，增加农民收入创建的重要举措。最后，深化公司与农村一对一帮扶的"一社一村"运动。在种植方面，企业派遣员工帮助农民插秧、收割，解决劳动力不足的问题。在销售方面，企业采取下乡采购、合同订购的方式，解决粮食销售难的问题。在农业和旅游业融合发展方面，企业组织员工体验乡村生活、发展农村体验观光游，增加农民收入。

（2）加强农村基础设施建设。在道路桥梁方面，拓宽加固道路、兴建桥梁，通过便捷的交通来促进农村地区经贸发展。在住房及电气化方面，农民住进砖瓦房或水泥房，大部分村庄实现通水通电，农民的生活发生质的提升。在公共服务方面，发展农村教育，推进优质医疗资源向农村地区倾斜，并构建了广覆盖、保基本的社会保障体系。

（3）加强政策引导保障作用。首先，提高政策针对性，将农村分级，有针对性制定扶持政策。其次，注重政策配套性和连贯性，如颁布《农业基本法》，并制定和完善山林、畜产、农业银行等100多种配套法规，保证政策连贯有效。最后，加强引导资金流向农村。政府颁布《基础设施吸引资本促进法》等法规，鼓励民间资本进入农村建设，拓宽建设资金来源渠道。

（4）在各个乡镇和农村建立村民会馆，用于开展各类文化活动，激发农民的参与性和积极性，使农民的精神世界也丰富起来，最终形成脱贫、改革与创造精神，为农村的持续发展带来动力，实现城乡协调发展。

（5）政府在农村中开展国民精神教育活动，提高乡民的知识文化，创造性地让农民自己管理乡村和建设农村。

对我国乡村振兴的借鉴意义。韩国与我国隔海相望，一衣带水，其新村运动采取的是自主协同模式，主要通过政府大力支持与农民自主发展相配合的方式共同推动实现乡村治理、农业发展和农民增收，较适用于我国这样城乡差距非常大的国情。我国在实施乡村振兴战略时候，在党管农村以及党领导"三农"工作、国家加大投入的同时，也要充分尊重广大农民意愿，激发广大农民积极性、主动性、创造性，激活乡村振兴的内在动力。

3. 德国

德国国土面积 35.7 万 km^2，以温带气候为主，人口约 8 267 万人，地势北低南高，可分为 4 个地形区，即北部平原区平均海拔不到 100m；中部山地，由东西走向的高地块构成；西南部莱茵断裂谷地区，两旁是山地，谷壁陡峭；南部的巴伐利亚高原和阿尔卑斯山区。德国经济高度发达，国民拥有很高的生活水平。2018 年，国内生产总值 4.0 万亿美元，居世界第 4 位（仅次于美国、中国和日本），人均 4.82 万美元，是世界第 17 位。德国农业发达，机械化程度很高，2017 年共有农业用地 1 668.7 万 hm^2，约占德国国土面积的一半，其中农田面积 1 177.2 万 hm^2，农林渔业就业人口 61.7 万人，占国内总就业人数的 1.39%。

德国循序渐进的"村庄更新"始于 1954 年，在《土地整理法》中政府将乡村建设和农村公共基础设施完善作为村庄更新的重要任务。20 世纪 70 到 80 年代，德国基本实现现代化，在总结原有村庄更新经验的基础上，不仅首次将村庄更新写入到修订的《土地整理法》，而且试图保持村庄的地方特色和独具优势来对乡村的社会环境和基础设施进行整顿完善，该时期村庄更新开始重新审视村庄的原有形态和村中建筑，重视村内道路的布置和对外交通的合理规划，关注村庄的生态环境和地方文化，并且强调农村不再是城市的复制品，而是有着自身特色和发展潜力的村落。进入 20 世纪 90 年代，德国的农村建设融入了可持续发展的理念，开始注重生态价值、文化价值、休闲价值与旅游价值的结合。村庄更新项目的重要目标是从保护区域或地方特征出发，更新传统建筑；从保护乡村特征出发，扩建村庄基础设施；按照生态系统的要求，把村庄与周边自然环境协调起来；因地制宜发展经济；帮助乡村社区持续发展。

对我国乡村振兴的借鉴意义。德国的"村庄更新"采取的是循序渐进型模式，将乡村治理看作一项长期的社会实践工作，在这个过程中，政府通过不断调适现行乡村治理目标、方式和手段，依靠制度文本和法律框架对农村改革进行规范和引导，促进农村社会的有序发展。德国的村庄更新模式重点关注的是农村，甚少涉及农业、农民。我国乡村振兴必须同时关注农业、农村和农民问题。

4. 荷兰

荷兰位于欧洲西部,国土面积为 4.19 万 km²,全境为低地,1/4 的土地海拔不到 1m,1/4 的土地低于海面,1/5 的土地属于围海造田。2018 年,荷兰总人口 1 726万人,人口密度超过 407.5 人/km²,农业高度集约化,从业人员 17.3 万人,农业产值约占国内生产总值 1.6%,常年居世界第二大农产品出口国。荷兰经济高度发达,国民拥有很高的生活水平。2018 年,国内生产总值 0.913 万亿美元,居世界第 17 位,人均 5.31 万美元,是世界第 12 位。

"二战"后荷兰城镇化面临的重大课题是如何在都市化过程中保护周边乡村土地经营的规模化和完整性,因此"农地整理"一直是荷兰解决农村发展问题的核心。20 世纪 50 年代荷兰的城镇化水平就超过 80%,城乡人口矛盾并不突出。20 世纪 60 年代由于经济好转,城市地区得到长足发展,大批城镇居民开始由城市中心迁往大城市中心的郊区。早在 20 世纪 50 年代,荷兰政府就颁布实行了《土地整理法》,明确了政府在乡村治理中的各项职责和乡村发展的基本策略,在此之后通过的《空间规划法》对乡村社会的农地整理进行了详细的规定,明确乡村的每一块土地使用都必须符合法案条文。"荷兰农地整理"是将土地整理、复垦与水资源等进行统一规划,以提高农地利用效率,几乎所有的农村建设和农业开发项目都要依托土地整理而进行。1970 年以后,荷兰政府重新审视了农地整理的目标,通过更加科学合理地规划和管理,实现农地经营的规模化和完整性。

从荷兰农地整理推行的发展方向来看,政府已经改变过去单方面只强调农业发展的单一路径,而转向多目标体系的乡村建设。比如推进可持续发展农业,提高自然环境景观质量,推进乡村经济多样化、乡村旅游和休闲农业的发展,改善乡村生活质量,满足地方需求等。

对我国乡村振兴的借鉴意义。荷兰的农地整理实质上就是保护耕地数量的相对稳定性,满足农业生产需求。我国也是人多地少的国家,在乡村振兴中要科学规划国土空间布局,保护基本农田,要处理好培育新型经营主体和扶持小农生产的关系,农业生产经营规模要坚持宜大则大,宜小则小,不搞一刀切,不搞强迫命令。要注意发挥新型经营主体的带动作用,培育各类专业化市场化服务组织,提升小农生产经营组织化程度,改善小农户生产设施条件,扶持小农户拓展增收空间,把小农生产引入现代农业发展轨道。

5. 瑞士

瑞士国土面积仅 4.12 万 km²，水域面积占国土面积 4.2%。人口 850.9 万人。瑞士是世界上最为稳定的经济体之一，2018 年国内生产总值 0.703 万亿美元，居世界第 20 位，人均 8.29 万美元，居世界第 2 位。农业就业人数约 15.3 万人，占总就业人口的 3.1%。

瑞士乡村发展属于生态环境型模式。瑞士政府十分重视自然环境的美化和乡村基础设施的完善。通过制定相关激励政策，对农业发放资金补助，向农民提供商业贷款，帮助其改善农村环境。通过国家财政拨款和民间自筹资金的方式，政府为乡村建设学校、医院、活动场所以及修建天然气管道、增设乡村交通等基础设施，以此完善农村公共服务体系，缩小城乡之间的差距。将农村与自然环境协调发展起来，村庄风景优美，生机盎然；乡村静谧，环境舒适宜人，成为旅游的好去处。

对我国乡村振兴的借鉴意义。瑞士乡村发展的生态环境型模式是以绿色、环保理念为依托，强调将乡村社会的生态价值、文化价值、休闲价值、旅游价值和经济价值相结合，从而改善乡村生活质量，满足地方发展需求。我国自古以来，人民就对山水田园生活充满了向往之情，因此在乡村振兴过程要牢记习近平总书记提出的"绿水青山，就是金山银山"教导，进行山水林田湖草的综合治理，建设生态优美乡村；同时加强农村基础设施建设步伐，建设宜居乡村。与德国相似，瑞士重点关注的是农村，甚少涉及农业、农民；我国乡村振兴必须同时关注农业、农村和农民问题。

6. 美国

美国由华盛顿哥伦比亚特区、50 个州和关岛等众多海外领土组成的联邦共和立宪制国家，国土总面积是 937.3 万 km²，人口 3.3 亿人，耕地面积约占国土总面积的 20%，为 18 817万 hm²。美国农业高度发达，农业人口还不足全国人口总数的 2%，但生产出了世界上数量最多、品种丰富、品质上乘的粮食、畜产品以及其他农产品。美国经济高度发达，国民拥有很高的生活水平。2018 年，国内生产总值 20.494 万亿美元，居世界第 1 位，人均 6.26 万美元，居世界第 8 位。

20 世纪初，美国城市人口不断增加，城市中心过度拥挤，导致许多中产阶级向城市郊区迁移，极大地推动了小城镇的发展。再加上汽车等交通工具的普及、小城镇功能设施的齐全以及自然环境的优越，进一步助推了小城镇的成长和发展；同时美国在发展过程中也曾经面临着城乡发展差距过大的问题。针对上述问题，美国在不同的历史时期实施了支持农村发展的方针和制度，这些做法值得我们借鉴。整体看，美国的农村发展政策出现过3次转折，分别是20世纪初期的农村电气化政策以推动小城镇建设、20世纪70年代为农村发展开启的专门而具体的立法工作、20世纪90年代实施城乡融合与政策整合工作。农村电气化及小城镇建设主要针对的是20世纪初期农村基础设施建设落后，为提高农村基础设施建设而对融资等重大问题作出的法律与政策安排，通过解决基础设施建设的资金来源大大促进了农村小城镇建设。20世纪70年代以来立法的专门化与具体化是对农村出现的多样而广泛的问题制定了多部法律，如《农村发展法》《农业与食品法》《食品、农业、水土保持和贸易法》《农村发展政策法》等，用以规范农村发展、农产品生产与贸易等行为，从制度上为促进农村发展提供了保障。尤其是《农村发展法》明确了农业发展的政策目标、主要职能部门等关键性问题，起到了非常重要的引领作用。20世纪90年代的农业政策开始通盘考虑全球政治经济因素、农村社区发展、农业食品结构变化及城乡融合等战略性、全局性和宏观性的问题，这不但推动了美国农村的长足发展，而且帮助奠定了美国农业强国的地位。

纵观美国农村发展政策，具有3个显著特点，这3个特点也是我国乡村振兴战略实践过程中可以借鉴的地方。首先，注重城乡融合与国际视野，当城市发展到一定程度后，注重加强小城镇建设，注重城乡融合发展，注重农村社区的完善与服务的配套，尤其是从战略和国际视野中看待农业问题，对农产品供需与国际竞争力的提升起到了全局性的指导。其次，将立法工作贯穿农业政策的始终。美国农业政策主要通过立法体系来体现，农业发展的法制化保障了政策的权威性，有利于政策的有效推进和执行。第三，注重各个阶段政策的连贯性和一致性。美国的农业政策在各个阶段具有不同的侧重，并紧跟时代变化不断予以完善和调整，政策前后具有很强的连贯性和一致性，确保促进农业发展不断档。

毋庸置疑的是，上述发达国家的乡村发展道路相当于我国实施的乡村振兴战略，其成功经验值得我们学习借鉴，但是我们也应该看到我国即使在城市化率达到70%的时候，还有近4亿人生活在农村，超过单个发达国家的总人口；我国2018年国内生产总值虽然达到13.407万亿美元，居世界第2位，但人均仅为9 068美元，居世界69位，低于世界人均11 355美元的平均水平等具体国情。另外，与发达国家存在的问题不同，我国农业问题、农村问题、农民问题同时存在，这要求各个省（自治区、直辖市）、各个县、各个乡镇，乃至各个村要根据实际情况，借鉴国外成功经验，探索适合区域特点的振兴之路。这也充分表明我国要实现乡村振兴任重而道远，实施乡村振兴战略也是为全球解决乡村问题贡献中国智慧和中国方案。

二、国内典型乡村振兴模式

从 2005 年 10 月 8 日党的十六届五中全会提出的"生产发展、生活宽裕、乡风文明、村容整洁、管理民主"的社会主义新农村建设总要求，到 2017 年 10 月 18 日党的十九大提出的"产业兴旺、生态宜居、乡风文明、生活富裕、治理有效"的乡村振兴战略 20 字方针，都着眼于全面解决我国农业问题、农村问题、农民问题，也意味着这是评价"三农"问题是否解决的重要标准，至少在可预期的未来，偏废任何四个字都不能视为"三农"问题得到解决。

习近平同志曾经指出，注意总结先进典型，发挥其对推动乡村振兴的示范作用。有专家提出了"城郊、平原、海岛、山区"4 种可复制可推广的乡村振兴模式，有专家从区域角度提出乡村振兴模式。为各地更快更好实现乡村振兴战略目标，本研究立足于村，依据 2017 年评出的中国名村影响力排行榜，优中选优，提供几个典型乡村振兴模式，仅供参考。

1. 旅游产业拉动型模式——山东竹泉忖、安徽宏村

竹泉村位于山东省临沂市，至少有 400 年的历史，村民以高姓居多、高氏族人明末兵部右侍郎高名衡、明末青州衡王府仪宾高炯都曾在此修建别墅，享受天趣，别墅屋基犹存。这里，泉依山出，竹因泉生，村民绕泉而居，砌石为房，竹林隐茅舍，家家临清流，田园瓜果香，居者乐而寿，是中国北方难得一见的桃花源式的村落。在这里可以欣赏到竹林、泉水、古村落的美景，入住星级装修标准的生态民居套房，品尝到蒙山全羊、蒙山全蝎、沂蒙光棍鸡等富有特色的地方美食，体验滑草、漂流、采摘等户外项目的乐趣，融入山水之中，真正回归自然。主要景点：滑草场、拓展基地、水上娱乐区、山谷漂流、百果廊、清心园、七贤林、可耕田、天趣园、高尔夫练球场。为游客带来无限的欢乐和美好的回忆，在体验中渐渐悟得大自在的佛理禅意。

宏村位于安徽省黟县东北部，村落面积 $19.11hm^2$，宏村的选址、布局以及宏村的美景都和水有着直接的关系，是一座经过严谨规划的古村落。古宏村人独出机智开"仿生学"之先河，规划并建造了堪称"中华一绝"的牛形村落和人工水系。宏村是一座"牛形村"，整个村庄从高处看，宛若一头斜卧山前溪边的青牛，村中半月形的池塘称为"牛胃"（月沼风荷），一

条 400 余米长的溪水盘绕在"牛腹"内，被称作"牛肠"。村西溪水上架起四座木桥，作为"牛腿"，这种别出心裁的村落水系设计，不仅为村民生产、生活用水和消防用水提供了方便，而且调节了气温和环境。全村现保存完好的明清古民居有 140 余幢，民间故宫"承志堂"富丽堂皇，可谓皖南古民居之最。村内鳞次栉比的层楼叠院与旖旎的湖光山色交相辉映，动静相宜，空灵蕴藉，处处是景，步步入画。从村外自然环境到村内的水系、街道、建筑，甚至室内布置都完整地保存着古村落的原始状态，没有丝毫现代文明的迹象。这些为宏村的旅游开发提供了极佳的天然禀赋。

此类是以古村落、古镇为主体，以乡村旅游和休闲农业为动力的乡村振兴模式，我国历史悠久，古村落众多，名胜古迹（革命纪念地）众多，这种发展模式具有较强的适用性。

2. 生态产业拉动模式——浙江高家堂村

高家堂村位于浙江省湖州市安吉县山川乡南端，全村区域面积 7km²，其中山林面积 9 729 亩（1 亩 ≈ 667m²，1hm² = 15 亩，全书同），水田面积 386 亩，是一个竹林资源丰富、自然环境保护良好的浙北山区村。高家堂村将自然生态与美丽乡村完美结合，围绕"生态立村—生态经济村"这一核心，在保护生态环境的基础上，充分利用环境优势，把生态环境优势转变为经济优势。现如今，高家堂村生态经济快速发展，以生态农业、生态旅游为特色的生态经济呈现良好的发展势头。从 1998 年开始，对 3 000 余亩的山林实施封山育林，禁止砍伐。2003 年投资 130 万元修建了环境水库——仙龙湖，对生态公益林水源涵养起到了很大的作用，还配套建设了休闲健身公园、观景亭、生态文化长廊等。2014 年新建林道 5.2km，极大方便了农民生产、生活。该村的发展做法主要有以下方面。

（1）生态环保，污染全面封杀。2008 年县里号召建设美丽乡村，高家堂村显出了壮士断腕的决心。全村随即停掉 2 家造纸厂，3 家竹制品企业。对于农业污染，高家堂村成立了竹林专业合作社，合作社规定禁止任何化学除草剂上山，全部雇佣人力，恢复以前刀砍锄头挖的原始除草方法，虽然成本提高了十几倍，但从源头上杜绝了水、土壤污染。数年里，浙江省农村第一个应用美国阿科蔓技术的农家生活污水处理系统、湖州市第一个以环境教育和污水处理示范为主题的农民生态公园等多个与生态环保有关的第一，均落户在高家堂村。

（2）引入资本，组建公司经营。2012 年 10 月，村里引入社会资本，共同组建安吉蝶兰风情旅游开发有限公司来经营村庄，村集体占股 30%。村域景区由采菊东篱农业观光园、仙龙湖度假区和七星谷山水观光景区三大块组成，以"青清山水，净静村庄"为卖点。

（3）旅游扶贫，农家乐、旅馆火爆。积极鼓励农户进行竹林培育、生态养殖、开办农家乐，并将这三大块内容有机地结合起来，特别是农家乐乡村旅店，接待来自沪、杭、苏等大中城市的观光旅游者，并让游客自己上山挖笋、捕鸡，使得旅客亲身感受到"看生态、住农家、品山珍、干农活"的一系列乐趣，亲近自然环境，体验农家生活，又不失休闲、度假的本色，此项活动深受旅客的喜爱，得到一致好评，而农户本身也得到了实惠，增加了收入。

（4）巧借资源，绿色环保竹产业。全村已形成竹产业生态、生态型观光型高效竹林基地、竹林鸡养殖规模，富有浓厚乡村气息的农家生态旅游等生态经济对财政的贡献率达到50%以上，成为经济增长支柱。高家堂村把发展重点放在做好改造和提升笋竹产业，形成特色鲜明、功能突出的高效生态农业产业布局，让农民真正得到实惠。同时，着重搞好竹产品开发，如将竹材经脱氧、防腐处理后应用到住宅的建筑和装修中，开发竹围廊、竹地板、竹层面、竹灯罩、竹栏栅等产品，取得了一定的效益。并积极为农户提供信息、技术、流通方面的服务。

此类也是走乡村旅游与休闲农业为主导产业带动乡村振兴的道路，但它是以生态旅游为主。我国地形地貌多样，自然景观美不胜收，各地都有独特景观（地质公园、森林公园等），因此该类发展模式适用于全国各地，尤其是拥有独特自然景观区域。

3. 产村融合发展模式——河南南街村、黑龙江兴十四村

南街村位于河南省漯河市，与其他村有一个巨大的区别，那就是他们以基于毛泽东思想的集体主义为理念，提出建设"共产主义小社会"的目标，万众一心，坚持走集体共同富裕道路。目前该村分工业园区、农业园区、居民住宅区、文化园区、浏览园区、传统教育区等，其中工业园区内有方便面食品公司、食品饮料公司、调味品公司、面粉厂、啤酒厂、包装厂、麦恩鲜湿面公司、胶印公司、彩印公司、制药厂等多家企业；农业园区占地135亩，拥有2 100m² 的组培室1个、WJK108 型 PC 板温棚4座、EM210 型双层充气膜温棚17座；居民区建有22栋居民楼；文化园区设有影视厅、档案馆陈列室、书画苑、图书馆4个部分等。

兴十四村位于黑龙江省齐齐哈尔市甘南县兴十四镇，面积3.3万亩，其中耕地1.68万亩、树林1.13万亩、草原4 000亩，拥有198户村民、956人。国家级大型企业集团——黑龙江富华集团拥有 35 家企业，集农、林、牧、机、加、旅游和房地产开发于一体，形成了农业围着工业转，工业围着市场转，工业反哺农业和农民，一二三产业共同发展的"生态农业、链条产业、集团推进、规模经营、良性循环、可持续发展"格局，实现了农业产业化、农区工业化、住宅别墅化、村风文明化、管理民主化、多数村民非农化。

此类村庄主要是产村融合发展且走自身发展的道路，这样的村庄还有江苏华西村、湖北官桥村和洪林村、浙江航民村等。在全国虽然数量较少，但随着特色优势农产品产业的发展，相信该模式会逐渐推广开来，该模式主要适用于乡村特色产业明显的区域。

4. 工业反哺乡村——江苏永联村、北京韩村河村

永联村位于江苏省张家港市，该村曾被称为"华夏第一钢村"，曾是张家港面积最小、人口最少，经济最落后的村。几年来，永联村投入数亿元用于新农村建设，不断以工业反哺农业，促进农业产业化经营，先后投入 2.5 亿元，积极发展以观光农业、农事体验、生态休闲、自然景观、农耕文化为主的休闲观光农业，初步形成了以苏州江南农耕文化园、鲜切花基地、苗木公司、现代粮食基地、特种水产养殖基地、垂钓中心为一体的休闲观光农业产业链。在村集体共同努力下，该村跨入全县十大富裕村行列。

韩村河村位于北京市房山区，总面积 2.4km²，791 户，2 700 人，2 000 亩耕地。韩村河走出了一条"以建筑业为龙头，带动集体经济全面发展，村民共同富裕"的成功之路。把一个 30 多人的村级建筑队发展成为拥有 22 个工程公司及多项产业，职工 3 万多人的国家资质一级大型建筑企业集团。村内建起了518 栋风格各异的别墅楼和 21 栋多层住宅楼，把村中的大街小巷都修成了水泥路，并完善了污水、雨水、暖气、闭路电视、电话等配套的市政设施。韩村河建立健全养老、医疗保险制度，为村民提供最基本的社会保障。

（1）使老人安度晚年。韩建集团党委规定，对村里 60 周岁以上的老人，按每岁 1.5 元补助，每月 9 日按时发放。他们还投资建起了老年活动中心，内有阅览室、棋牌室、乒乓球室、卡拉 OK 厅等，并成立了韩村河老年秧歌队，使老人们过上了幸福美满的生活。

（2）为村民提供生活保障。对于全体村民，集体每年都有口粮、菜金、副食、取暖、供水、供电等方面的补贴。

（3）提高村民的医疗卫生水平。韩村河全体村民于 1996 年加入合作医疗，享受门诊处方费、出诊费和注射费报销制度，本应个人交纳的统筹医疗费全部由韩建集团负担。此外，韩村河农业户口的村民每年还享受一定数额的医疗补助。

此类主要是工业反哺农业，从而促进"三农"问题的解决，该模式需要工业经济发达，因此该模式适用于我国长三角、珠三角、环渤海区域及各大城市群附近的乡村振兴。

5. 龙头骨干企业带动型模式——河北銮卸村，河南中鹤集团

銮卸村位于河北省邢台市沙河市，太行山东麓。1992年，栾卸村在全省率先组建了制药、矿产、果品、运输等多元经营的乡镇企业集团——河北恒利集团公司。其后，村办企业"恒利"叫响大江南北。该公司主打品牌"康必得"享誉长城内外（康必得为一种药，用于由普通感冒或流行性感冒引起的鼻塞、流涕、发热、头痛、咳嗽、多痰等的对症治疗）。2001年春，总占地面积26hm^2，功能齐全的现代化新农居全部竣工，该村是全国第一个荣获"中国人居环境范例奖"的村庄。"康必得"的生产原料为银杏。因此，该村还种植了80万棵的银杏树，是华北地区最大的银杏林，每年秋季，吸引周边无数游客到此赏叶。

河南中鹤集团位于河南省浚县粮食精深加工园区，成立于1995年，集团下辖淇雪淀粉等20余家子公司。中鹤集团是集玉米淀粉及淀粉制品深加工、小麦专用粉深加工、营养调理面生产、中高档系列糖果加工、中鹤品鲜食品、粮食存储于一体的农产品加工企业，采用公司+基地+农户的农业产业化经营模式带动浚县及周边县市种植业发展。自集团公司成立以来，依托当地丰富的农产品资源，加大农副产品加工基地建设劳动力度，实现了公司农户双赢的目的，培育发展玉米、小麦种植基地30万亩，同时还带动了当地运输、养殖、食品加工等行业同步发展。同时公司造福当地，在当地建设10万人的新型农民社区。

此类主要是龙头企业带动乡村产业发展，实现乡村振兴。目前我国农产品加工业水平还落后于发达国家水平，还有较大发展潜力，尤其是精深加工；另外，农业还为工业发展提供原材料，因此该种模式也适合在全国各地发展，我国农产品种类丰富，包括粮食、蔬菜、油料、果品、中药材、纤维等，要鼓励以农产品加工或者农产品为原料的加工企业布局在乡村，从而带动乡村振兴。

第二章　研究区域基础条件分析

苏北地区是江苏北部地区的简称，位于以上海为中心的长江三角洲北部、黄淮海平原东南端，是中国沿海经济带重要组成部分，包括徐州、连云港、宿迁、淮安、盐城5个地级市，辖17个市辖区、3个县级市、17个县，2018年苏北五市GDP在全国皆进入前100名，全国综合实力百强县、百强市辖区中苏北地区占有10席。拥有连徐高铁、陇海铁路、连通高铁、连淮扬镇高铁、青盐高铁、徐宿淮盐铁路等；水系发达，属于淮河水系和沂沭泗水系。区域临海控湖，经济繁荣，交通发达，农村经济发展水平较苏南、苏中地区弱（表2-1），但高于全国平均水平，与山东省菏泽、济宁、临沂、枣庄、日照、泰安；安徽省的宿州、淮北、阜阳、蚌埠、亳州；河南省的开封、商丘、周口等淮海经济区农村发展水平相似。苏北地区独特的区位和经济基础，决定了研究苏北地区乡村振兴具有典型性、代表性。

表2-1　2018年江苏各市农村条件情况

名称	农村人均可支配收入（元）	人均主要粮食产量（kg）	人均猪牛羊肉（kg）	人均水产品（kg）
南京	25 263	153.4	3.9	23.8
无锡	30 787	114.2	2.9	24.6
徐州	18 206	463.7	37.1	16.1
常州	28 014	125.0	3.7	27.8
苏州	32 420	441.8	35.9	106.4
南通	22 369	681.3	33.4	136.3
连云港	16 607	859.1	25.2	46.5
淮安	17 058	854.0	65.5	145.2
盐城	20 357	626.3	19.5	86.3
扬州	21 457	396.3	16.6	35.3

（续表）

名称	农村人均可支配收入（元）	人均主要粮食产量（kg）	人均猪牛羊肉（kg）	人均水产品（kg）
镇江	24 687	570.4	39.5	77.3
泰州	21 219	678.2	30.4	44.2
宿迁	16 639	153.4	3.9	23.8

第一节　区位条件

东海县地处北纬 34°11′~34°44′，东经 118°23′~119°10′，东与连云港市区相连，西与山东省郯城县以马陵山为界，南与新沂市、沭阳县为邻，北界新沭河与连云港市赣榆区相望，西北接山东省临沭县。境域东起张湾乡四营村马庄，西至桃林镇上河村的山里颜，全长 70km，南起安峰镇石埠村的沙礓嘴，北至石梁河镇的西朱范村，全长 54km，总面积 2 037km²，截至 2018 年，有耕地面积 1 222.6km²，林地面积 26.8km²，水域面积 324.3km²，林木覆盖率 27.5%。全县设 2 个街道、11 个镇、6 个乡、1 个省级开发区、1 个省级高新区、346 个村委会。2018 年全县总人口 124.6 万人，是江苏省土地面积较大、人口较多的县之一。

第二节　自然条件

一、水资源

东海县水资源相对匮乏，人均水资源占有量仅为全国平均水平的 1/6，主要特征为时空分布不均，调蓄容量有限。东海县有 6 条流域和区域性骨干河道，72 座大、中、小型水库，总库容 8.86 亿 m³，多年平均水资源总量为 7.0 亿 m³，P（降水频率）= 50% 年型当地水资源总量为 6.59 亿 m³，P = 75% 年型当地水资源总量为 6.04 亿 m³，P = 90% 年型当地水资源总量为 5.09 亿 m³。包括外来水资源可利用量，东海县多年平均水资源可利用总量为 11.48 亿 m³，P = 50% 年型水资源可利用总量为 11.11 亿 m³，P = 75% 年型水资源可利用总量为 9.99 亿 m³，P = 90% 年型水资源可利用总量为 8.77 亿 m³。

二、土地资源

东海县国土总面积 2 037km²，其中耕地面积 1 226.4km²，占总面积的 60.2%，人均耕地面积为 0.098hm²，高于全省平均水平（0.066hm²/人）；水利及水利设施用地 324.3km²，占总面积的 15.9%；林草地 32.0km²，占总面积的 1.57%；其他类型土地 32.7km²，占总面积的 1.6%。

三、地形地貌

东海县地处沂蒙山脉向南的延伸部分与淮北平原的交接地带，地属黄淮海平原东南边缘的平原岗岭地，境内山岭连绵起伏、河网密布、水库众多。其地形东西长、南北短，地势西高东低，中西部平原丘陵起伏连绵，东部地势平坦，湖荡连海，地面高程为 2.3～125m（废黄河基准点）。按局部地形地貌可将县域划分为低山、丘陵、岗地、平原 4 个片区，其中山丘岗岭区域占全县总土地面积的 57%，被列为江苏省淮北地区丘陵山区重点县之一。

1. 低山

低山大多分布在中西部地区，面积 4.67km²，占全县总面积的 0.23%，全县共有大小山体 10 座，山头 21 个，其中羽山最高，海拔 269.5m，马陵山最长，在县境内南北长 37.6km。

2. 丘陵

丘陵主要分布在海拔 50m 等高线上的李埝，山左口、桃林，石梁河、双店等乡镇和李埝林场等地，面积 74km²，占全县总面积的 3.6%，范围内植被较少，沟壑纵横，水土流失严重，土质瘠薄，无土层覆盖的约 57.33km²。

3. 岗地

区内岗地分为高岗（147km²）、平岗（348km²）、缓岗（488km²）及微岗（217km²）4 种类型，总面积 1 200km²，占全县总面积的 58.9%，岗地主要分布在龙梁河以东、淮沭新河以西的县境中部乡镇，石梁河和安峰山 2 个大型水库均分布在该片区内。

4. 平原

平原区位于县境东部，面积 755km²，占全县总面积 37.1%，主要分布在黄川、张湾、平明、房山、驼峰等乡镇场，区内地势平坦，低洼易涝，属湖泊沉积平原。新中国成立后，经多年水利治理，这一片区河网密布，沟渠纵横，排灌条件基本具备，成为盛产稻麦的粮食生产基地。

四、生物资源

东海县主要为农田生态系统，植被较好，境内无裸露地表，植被覆盖率为 90%左右。主要种植水稻、小麦、玉米、红薯、花生、蔬菜等农作物，饲养家畜、家禽和水产养殖。地带性植被属落叶林带，现有林木以农田林网和四旁种植为主，人工栽培的林木主要有杨、柳、榆、桑等。境内有较丰富的野生动植物资源，野生动物有狗獾、刺猬、野兔、蝙蝠、地鳖虫、蛇和鸟类等，还有斑蝥等可供药用的昆虫；野生植物种类繁多，其中可供药用的有皂荚刺、半夏、石菖蒲等 200 多种。本地区内无自然保护区，也没有国家重点保护的珍稀濒危物种。

五、旅游资源

东海县旅游资源得天独厚，具有"一石、一水、一湖、一井"四大特色。"一石"就是水晶石，中国水晶工艺礼品城是全国最大的水晶及其制品集散中心。成功举办了 12 届中国东海水晶节，在更大范围内打响了东海水晶品牌。"一水"就是温泉水，东海温泉被誉为"华东第一温泉"，温泉旅游度假区是远近闻名的旅游疗养胜地。"一湖"就是海陵湖，为江苏省第一大人工水库自然景区。"一井"就是中国大陆科学钻探井，为亚洲第 1、世界第 3 的深井，是科普地质游和科普教育的重要基地。

东海县有数个 1 000 年以上的古城，保存较好的为曲阳古城。曲阳县最初建于西汉时代，距今 2 000 余年。城墙现今高宽均超过 5m，城的轮廓清晰，整体呈钥匙形，东、北两边长 160m，西边长 260m。古城为黄土夯成，当年建筑时留下来的孔穴和层层夯印，现在仍历历在目。曲阳古城是道教的发源地之一，史载道教的先驱于吉，在经典著作《太平清领书》中，就自称这本"神书"得于"曲阳泉水上"。近年来，这里还不断出土一些陶器、铜印、箭镞等汉代遗物。

东海县温泉资源历史悠久，早在明隆庆（1572 年）《海州志》就有"冬夏如汤"的记载。东海县温泉主要分布于温泉镇，南北长约 900m，东西宽 750m，面积约 0.7km^2。温泉宾馆一带最高，地下热水出水量和温度也最高，向外围逐渐降低。地下热水埋深 200～250m。钻孔最大深度 600m 以上，测得最高水温 83 ℃，属于大气降水深循环断裂型中低温地下热水。东海县温泉含有多种对人体有益和必需的微量元素，其中锶、锂、锌等含量较高，氡、氟和溶解二氧化硅含量均达到矿泉水标准。

六、气候资源

东海属暖温带半湿润气候，兼有南、北两地的气候特点，四季分明，气候温和，雨水充沛，日照充足，无霜期较长，光、热、水高峰基本同期，气候条件优越，生态条件适应性广。同时，由于受季风环流的支配，构成不稳定的气候因素，也会出现寒潮、霜冻、干旱、暴雨、高温、台风等灾害性天气，其中旱灾、水灾、风灾危害最烈。东海常年主导风向为东北风，其次为东南风，历年平均风速 3.5m/s，平均气温 13.7℃，夏季最高气温可达39.7℃，冬季最低气温达-18.3℃，历年平均日照时数 2 366.1h，历年平均无霜期 225d。历年平均降水量 886.9mm，最大年降水量 1 346.9mm，最小年降水量 514.6mm，最大日降水量 204.5mm，降水主要集中在 5—9 月，约占全年的 76%。

七、生态环境

1. 地面水环境

2018 年在淮沭干渠、蔷薇河、淮沭新河、新沭河、马河、民主河、东海县玉带河、龙梁河和石安河共 9 条河流以及西双湖水库、安峰水库、石梁河水库共 3 座水库，设置监测断面 12 个，地表水达到或者优于Ⅲ类水质比例为 75%，较 2017 年低 8 个百分点，水域功能达标率 100%，集中式饮用水源地水质达标率 100%。2018 年全县重点工业废水排放总量为 3 834.85 万 t，排放达标率 99%。建有城镇污水处理厂 19 个，城镇污水处理率 87.3%，全年全县化学需氧量排放量为 2.08 万 t，氨氮排放量为 0.17 万 t。

2. 耕地质量

东海县的土壤有 6 个土类、10 个亚类、16 个土属、45 个土种。6 个土类为棕壤、紫色土、潮土、砂浆黑土、水稻土和盐土，分别占全县耕地面积的 46.44%、1.16%、9.98%、39.45%、1.13% 和 1.16%%。全县耕地质量国家利用等别有五等、六等和七等，其中五等地面积为 33 379.6hm^2，占耕地比例 27.30%；六等地面积为 59 889.2hm^2，占耕地比例 40.80%；七等地面积为 39 014.4hm^2，占耕地比例 31.90%。以耕地质量利用等别的面积加权平均数计算，耕地质量平均利用等别为 6.04 等。土壤性质变化情况见表2-2。

表 2-2　东海县土壤主要化学性状

指标	分类	1982 年	2007 年	2018 年
pH 值	平均值	7	—	6.04
	范围	—	—	4.95~7.57
有机质	平均值	1.02%	14.6g/kg	29.51g/kg
	范围	0.11%~2.67%	6.5~34.5g/kg	11.81~41.80g/kg
速效磷	平均值	4.9mg/kg	18.7mg/kg	40.32mg/kg
	范围	0~31.8mg/kg	9.1~40.1mg/kg	25.9~59.5mg/kg
速效钾	平均值	126mg/kg	164mg/kg	207mg/kg
	范围	11~660mg/kg	32~307mg/kg	65~316mg/kg
氮	平均值	碱解氮 65mg/kg	全氮 1.05g/kg	碱解氮 141.45mg/kg
	范围	13~146mg/kg	0.27~1.92g/kg	50.4~194.2g/kg

3. 大气环境

监测表明，东海县城区域环境空气中可吸入颗粒物、细颗粒物年平均浓度超过《环境空气质量标准》（GB 3095—2012）二级标准要求，二氧化硫、二氧化氮、一氧化碳、臭氧浓度均符合《环境空气质量标准》（GB 3095—2012）二级标准，全年城区空气质量优良率为 76.1%，二氧化硫排放量 0.33 万 t，氮氧化物排放量 0.59 万 t。

4. 生态条件

全县生态空间管控区域个数 20 个，其中国家级生态红线区域面积达到 35.43km²，生态空间管控区域面积 471.22km²，生态环境状况指数 63。

5. 生态创建

截至 2018 年，全县有国家级生态镇 19 个，国家级生态村 2 个，省级生态村 22 个。

第三节　社会条件

一、社会发展基础

（一）交通基础

经过多年努力，东海县初步建成以铁路、高速公路为骨架，铁路、公路、民航、水运等各种运输方式相互协调，适应经济社会发展的安全、高效、可持续的综合运输体系。境内建成连徐高铁、陇海铁路、连盐铁路、连淮扬镇铁路等4条干线铁路。形成"三横四纵"普通国省公路网，农村公路"十纵十横"，出省交通和中心城乡、主要资源开发区、旅游景点运输通畅，农村交通便捷的综合运输网络；公路总里程2 912km，公路网面积密度达到142.9km/100km²，初步形成以淮沭新河为主，鲁兰河、蔷薇河为辅的内河航运格局。建成能提供各种运输方式有效协作和无缝衔接的、实现客货运输"一站式"综合服务功能的、信息资源共享的综合交通运输体系。

（二）经济基础

东海县为全国首批沿海对外开放县，全国农村综合实力百强县，现已形成硅产品加工业、食品制造业、新型建材加工业、机械设备制造业以及纺织工业等五大主导产业。近年来，东海县始终保持较快的发展速度和较高的发展质量，经济总量持续增加，2018年实现国内生产总值494.42亿元（图2-1），按照可比价格计算，较上年增长4.9%。财政收入快速增长，全

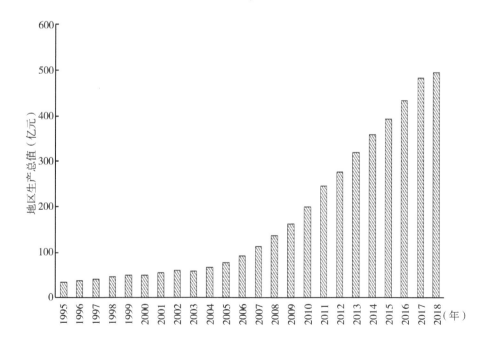

图2-1 东海地区生产总值变化情况

年一般公共预算收入 23.0 亿元，较上年增长 8.9%，其中税收收入 17.8 亿元。金融规模扩大，年末全县金融机构本外币各项存款余额 415.2 亿元，较上年增长 15.3%。固定资产投资稳步增长，全年规模以上固定资产投资 329.4 亿元，较上年增长 20.0%，其中第一产业投资 11.2 亿元。出口总额 38 913 万美元，进口总额 8 401 万美元。人均地区 GDP 总值持续增加，其在江苏各县市区的排序也逐渐提高，2008 年为全省第 48 位，人均 12 374 元；2011 年为第 43 位，人均 25 845 元；2014 年为全省第 38 位，人均 37 580 元；2017 年为全省第 36 位，人均 49 891 元；2018 年为全省第 39 位，人均 50 916 元。农村常住居民人均纯收入呈现持续增加趋势（图 2-2），其在江苏各县市区的排序也逐渐提高，2008 年为全省第 45 位，5 652 元；2011 年为第 39 位，8 701 元；2014 年为全省第 34 位，12 171 元；2018 年为全省第 31 位，17 291 元。农村居民 2013—2018 年恩格尔指数基本保持在 35 左右。

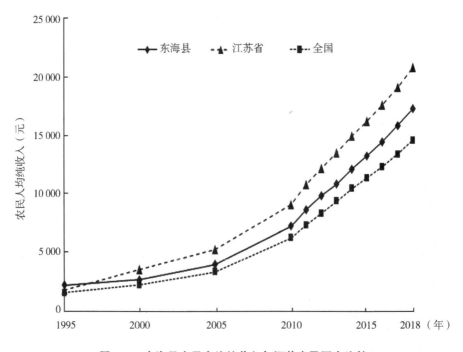

图 2-2　东海县农民人均纯收入与江苏省及国家比较

（三）乡村文化发展基础与乡风文明建设

东海县按照政府主导、社会承办、公众参与的建设方式，积极推进文化建设，1998年、2006年两次被国家文化部评为"中国民间文化艺术之乡"，2007年获得"全国少儿版画创作基地"，2009年被文化部评为"全国文化先进县"，每个村都建立了村级文化活动室，有线电视实现村村通。水晶文化、温泉沐浴文化以及少儿版画成为东海县三张文化名片。民间歌曲《房四姐》、民间故事《苗坦之传说》、民间舞蹈《跑马灯》和《打莲湘》为连云港市非物质文化遗产。东海县还拥有一支非常活跃的文化艺术创作队伍，推出了包括《红丝带》《五九看柳》《春满芦花湾》等一大批文艺精品，用身边的人和事，有力地宣传社会主义核心价值观、习近平总书记的中国特色社会主义理论，为农民群众提供优质精神食粮，不定期出版文学刊物，如双店月牙墩文学社出版《月牙墩》，青湖文化站出版《青湖文艺》等。

东海县先后开展了"五好文明家庭""万家互助""万家洁净""万家敬老""万家学法""万家优教"等"美在万家"系列活动，"百户好家庭""百对好夫妻""百名好婆婆""百名好媳妇"评选活动，"道德万家行""学习型家庭""家庭环保""家庭读书""文明家庭"创建活动，"平安家庭""廉洁家庭""绿色家庭""环保家庭"等多种乡风文明建设活动。2004年，编印《东海县文明公民手册》；2005年，举办"十佳文明市民"评选活动；2010年，开展首届十大道德模范评选活动。自2003年中央精神文明建设指导委员会开展评选全国文明村镇活动以来，东海县创建国家文明镇、文明村各1个，创建省级文明镇4个，省级文明村11个，连云港市级文明镇4个，文明村37个。

（四）乡村治理基础

东海县在农村党建方面，常抓不懈，积极探索新时代条件下的党建新方法、新思路。

（1）实施村社书记"头雁领航"工程和"后备"培养工程，始终把政治标准放在首位，从致富带头人、大学生村官、复退军人中选拔优秀人才担任村社书记、村干部。

（2）全面推行"一委三会"村级治理模式和推广"一部两会一专干"农村党建新模式，形成以村党组织为核心、党群广泛参与的村民自治新格局。

（3）建立实施村党组织星级化管理，建立五星评价体系，推动争先晋位。对全县346个行政村逐一进行分析研判、分类定档，将村级组织建设纳入乡镇班子运转评估，全面考察评估村级组织质态，"一村一策"巩固提升115个"好"村、立标提升"中"档村、整顿提升80个差村，以分步推进助力整体提升。

（4）扎实开展"党旗飘扬在基层"主题活动，针对基层党建服务各自为战、合力不足等问题，2017年实施"2345"计划，即突出问题导向、民生导向两个导向，依靠干部、党员、群众三个基础，聚焦教育、医疗、卫生、经济发展四个领域，实施"微心愿"圆梦、党员爱心水站、党员医疗大篷车、关爱弱势群体、经济薄弱村党员创业基地建设等五项行动，覆盖所有行政村，惠及群众近30万人；2018年实施"10+X"行动，以党员医疗大篷车、农技专家一线问诊等十大县级项目为主导，引领基层拓展113项自选动作，开展各类惠民活动1 100余场次，推动各级党组织重心下移、资源下沉、服务下倾，以实事惠民生、民生赢民心、民心评党建。

（5）推进"富民党建"工程，以需求为导向，推广"支部+产业+电商"党建富民模式。

（6）打造产业党建联盟，以产业为纽带，以龙头村为核心，汇聚周边产业相近村、关联企业、专业合作社（协会），重点打造产业党建联盟，促进党建与产业相融互动，产业党建联盟通过土地流转、技术培训、新品种新技术引进、电商网点建设等举措，实现全流程参与、全链条服务，提升品牌影响力。成立党员经纪人队伍，帮助农户拉订单、找销路，推行党员经营户、党员示范户亮身份、亮承诺，充分发挥党员在产业提质增效上的先锋模范作用。

东海县不断探索乡村治理模式，在村民委员会选举方面，1994年采取乡镇提名候选人的方式进行村委会换届选举；2004年开始实行村委会、群众代表和生产组提名的方式提名候选人；2007年试行无记名投票方式进行海选，2010年村民委员会换届全面推行海选。在民主决策方面，随着时代发展，先后推出了民情恳谈制度，三会制决策（村两委提出决策议题，提交党员会和村民大会表决）。在民主管理方面，提出了"3+X"制度，即党务、村务、财务"三公开"，X是点题答题制度。同时全县各乡镇、村等还制定了《模范村民条件》《村民道德评议办法》等乡规民约，全面提升乡村治理水平。

（五）镇村建设基础

2016年东海县开始实施城乡供水一体化工程，村庄环境逐步改善，平明周徐村、石湖尤塘村、种猪场直属村获批建设省美丽乡村示范点，64个经济薄弱村完成整治，109个国省干道沿线重点村基本实现"五清、四改、三提升"。实施农村危房改造1 049户。

（六）科技基础

东海县委、县政府高度重视科技对经济发展的促进作用。早在 20 世纪 90 年代就提出了科技兴县战略计划，2007 年、2009 年、2011 年被评为"全国科技进步先进县"；不断打造科技兴农支柱产业。2013—2018 年，科学技术支出额占县本级财政支出比例依次为 3.2%、3.2%、3.2%、3.2%、2.8% 和 3.1%。

东海县是科技部批准的连云港国家农业科技园区的核心区和示范区；还拥有 2 家省级现代农业园区，即江苏东海现代农业产业园区、江苏东海黄川现代农业产业园区；有市级现代农业产业园区 8 家，即东海县双店镇现代农业产业园区、东海县石榴街道现代农业产业园区、东海县石梁河葡萄产业园区、东海县温泉镇现代农业产业园区、东海县青湖镇现代农业产业园区、东海县房山镇现代农业产业园区、东海白塔埠镇现代农业产业园区和东海县现代农业示范区（国际农业合作示范区）。拥有省级高新技术企业 44 家，包括江苏得乐康食品有限公司、江苏蓬祥畜禽生态养殖有限公司、连云港西诺花卉种业有限公司、连云港市金陵饲料有限公司等。

东海县拥有一支较高素养的农业科研、技术推广队伍。2010 年拥有农业技术人员 925 人，其中事业单位 680 人，其他单位 245 人，高级职称 94 人，中级职称 326 人。2013 年拥有农业技术人员 1 629 人，其中事业单位 1 626 人，其他单位 3 人；2017 年拥有农业技术人员 1 764 人，其中事业单位 1 761 人，其他单位 3 人。2018 年拥有农业技术人员 2 029 人，其中事业单位 2 013 人，其他单位 16 人，农业技术人数逐年增加。

东海县与农业高等院校、科研单位建立良好合作关系。2010 年东海县与中国农业科学院农业资源与农业区划研究所、郑州果树研究所、蔬菜花卉研究所、饲料研究所等签署合作协议，2011 年中国农业科学院东海试验站成立，这是中国农业科学院在全国范围内县域建立的第一家综合试验站，该试验站现拥有 3 000m² 的办公及实验用房、14.7hm² 试验基地。2017 年，张洪程院士工作站试验示范基地落户平明镇，到 2020 年，建成 66.7hm² 张洪程院士稻米产业创新试验示范基地，将有力促进平明镇优质稻米产业发展。南京农业大学、扬州大学、江苏省农业科学院等院校、科研单位在东海县还不定期建设多个试验示范基地。

二、农业产业基础

东海县在狠抓粮油生产、保障国家粮食安全的同时，还大力发展高效农业，实施品牌战略，着力打造无公害农产品品牌、绿色食品品牌、有机食品品牌，以满足消费者的不同需要。到2018年，全县共有全国绿色食品原料标准化基地（稻、麦）35 700hm²，种植业绿色优质农产品比重38.5%；拥有国家地理标志保护产品6个，即东海大米、东海西红柿、石梁河葡萄、双店百合花、黄川草莓和东海老淮猪，数量居江苏省第1位。家庭农场比例达到49.3%，农户参加农业专业合作社比例达到80%，新型职业农民培育度达到44%，农业综合机械化水平达到86.1%，农田水利现代化水平达到84.5%，高标准农田比例达到54.5%，粮食储备现代化水平达90%，农业信息化覆盖率59%。

（一）农业产值持续增长

进入21世纪以来，东海县农业产业经济总量不断提升，按当年价格计算，农业总值由2000年39.74亿元增加到2018年的144.43亿元，绝对额增加了104.69亿元（图2-3）。但国民经济结构中，第一产业（农业）占比却在逐渐下降，由1978年的72.8%逐渐降低到2014—2018年的15%左右，第二产业、第三产业占比却在逐步增加（图2-4）。农业产业结构调整较为明显（图2-5），种植业占比在下降，2011—2018年基本保持稳定，养殖业占比在2009年达到高峰后，2010—2018年占比在逐渐下降，林业和渔业占比在2011年、2012年达到峰值后，基本稳定；农林牧渔服务业占比却呈现出增加趋势，已超过渔业和林业占比。

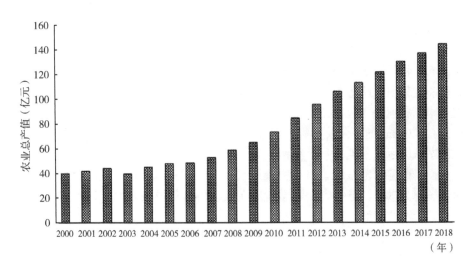

图2-3 东海县农业总产值变化情况

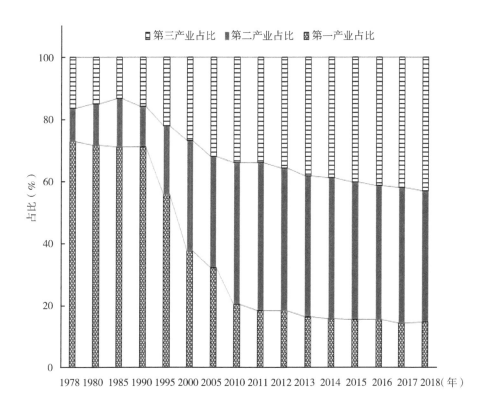

图 2-4　东海县产业结构情况

（二）农业现代化初步实现

1. 粮食产业

随着国家对粮食种植扶持力度的不断加大，东海县粮食种植面积继续增加，加上适宜气候条件，东海县粮食生产连续 15 年实现增产（表 2-3）。2018 年全年粮食播种总面积 163 080hm²，粮食总产量 116.3 万 t，油料播种面积 7 330hm²。从历史角度看，东海县粮食产量一直居连云港市第 1 位，在江苏省范围内也一直保持在全省第 3 位或者第 4 位，即东海粮食生产具有明显的区域优势。东海的粮食作物主要为水稻、小麦和玉米等。另外，东海油料产量年均在 4 万 t 左右，虽然总量不够高，但也排在江苏省前列（表 2-4）。

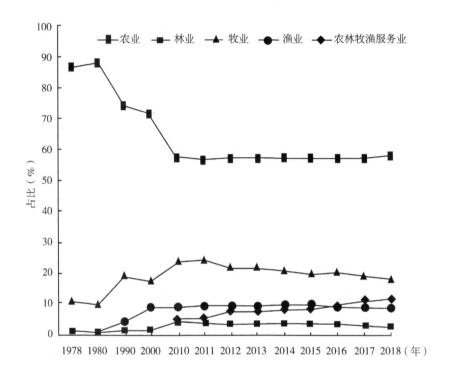

图 2-5 东海农业产值结构概况

表 2-3 东海县粮食产量及其在江苏省位次变化

指标	1995 年	2000 年	2005 年	2010 年	2015 年	2016 年	2018 年
东海县粮食产量（万 t）	89.1	83.0	93.5	104.2	112.9	114.5	116.3
江苏省粮食产量（万 t）	3 354.3	3 155.1	2 936.9	3 541.4	3 903.9	3 776.3	3 660.3
在连云港市位次	1	1	1	1	1	1	1
在江苏省位次	3	4	3	3	4	3	3

表 2-4 东海县油料产量及其在江苏省位次变化

指标	1995 年	2000 年	2005 年	2010 年	2015 年	2016 年	2018 年
东海县油料产量（万 t）	6.68	6.32	4.30	3.91	4.80	4.80	3.53
江苏省油料产量（万 t）	159.5	225.7	216.0	152.0	143.1	131.9	86.0
在连云港市位次	1	2	2	2	2	2	2
在江苏省位次	1	10	20	11	5	5	4

2. 蔬菜（含菜用瓜及食用菌）及花卉产业

东海县6个地理标志保护产品中，有3个属于蔬菜及花卉产业。2018年，全县新增高效农业面积2 713.3hm^2，高效农业总面积达到2.52万 hm^2。已经形成5个规模化特色高效产业。

（1）设施蔬菜产业。以日光温室为主，大中棚为辅的设施蔬菜面积达到8 000.0hm^2，桃林镇高效设施蔬菜产业基地规模近万亩，为全市设施蔬菜最大的乡镇。

（2）优质草莓产业。2018年全县草莓种植面积2 330.0hm^2，产量达到8.8万 t。草莓产业主要分布在石梁河镇、黄川镇。

（3）花卉产业。东海鲜切花生产最早开始于1997年，经过20余年的发展，目前全县鲜切花设施栽培面积达6 600.0hm^{2}以上，日光温室近8 000栋，形成了双店镇、山左口乡、驼峰乡3个鲜切花生产基地，主要种植百合和非洲菊，还有郁金香、玫瑰、唐菖蒲、切花菊、马蹄莲、鹤望兰、蓬莱松等近20个种类，年生产各类鲜切花2亿多支。全县共有花卉专业户2 000户，花卉经纪人100余人，鲜切花生产合作社2个，花卉协会3个，花卉苗木公司两家。

（4）优质甜瓜产业。以春季大中棚保护地栽培为主要形式，优质甜瓜面积规模化达到2 650.0hm^2，为全市最大的甜瓜生产基地。

（5）食用菌产业。虽然东海县的食用菌产业起步较晚，但是近几年发展迅速，已形成石湖林场、李埝林场、山左口乡等食用菌集中种植区，建设了栽培设施标准高、品种新、规模大、效益好的食用菌生产基地。目前，全县食用菌生产面积已经达到100万 m^2。

3. 林果产业

2018年全年造林面积1 800hm^2，更新改造林地面积1 000hm^2，四旁植树388万株，年末实有林地面积9 400hm^2，实有农田林网104 500hm^2。全年果园面积5 800hm^2，水果产量9.0万 t，分别较上年增加7.4%和12.5%。

4. 畜牧养殖业

畜牧养殖产业发展以生猪和三禽饲养为龙头，坚持以市场为导向，以效益为中心，大力推进规模化、集约化养殖模式，不断壮大生产规模。2018年全年大牲畜年末存栏3.72万头，较上年增长1.1%。生猪饲养量98.23万头，生猪年末存栏37.94万头，出栏60.29万头。羊饲养量15.28万只，出栏10.79万头。三禽饲养量1 259.96万只，出栏825.39万只，年末存栏334.57万只。全年肉类总产量7.17万 t，禽蛋产量5.29万 t。东海县肉产量在江苏省位次变化见表2-5。

表2-5　东海县肉产量在江苏位次变化

指标	1995年	2000年	2005年	2010年	2015年	2016年	2017年
东海县肉类产量（万t）	7.2	5.8	6.6	7.3	7.5	7.4	7.2
江苏省肉类产量（万t）	317.0	302.4	345.9	365.8	428.9	403.7	378.1
在连云港市位次	1	1	1	1	1	1	1
在江苏省位次	10	17	14	11	15	15	16

5. 水产养殖产业

水产养殖业产值在农林牧副渔中产值占比在9%左右。2018年水产养殖面积3 860.0hm²，其中主要为池塘及水库，水产养殖产量为6.45万t，与2017年持平，鱼类总产量为6.6万t，虾蟹类仅为0.3万t。

6. 农业现代化水平

由于东海县处于苏北平原，地势较为平坦，单位耕地面积拥有机械总动力高于全省乃至全国平均水平（图2-6），呈现上升趋势。化肥养分用量低

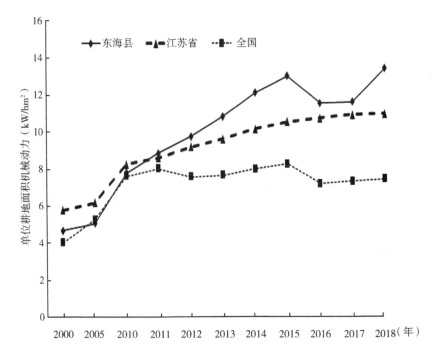

图2-6　东海县农业机械化与江苏省及国家比较

于全省平均水平，但高于全国平均水平，表现出先增加，在2000—2001年达到峰值后，再呈现降低趋稳的趋势（图2-7）。2018年东海县农用机械总动力达到163.82万kW，化肥养分用量为6.55万t，农药用量为1 520t，农用薄膜用量2 620t，全国绿色食品原料标准化生产基地（稻麦）有35 700hm²，种植业绿色农产品比例达38.5%。

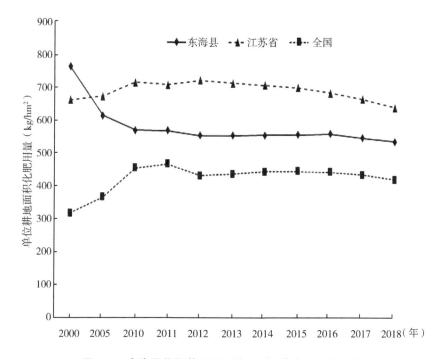

图2-7 东海县化肥养分施用情况与江苏省及国家比较

（三）观光农业和乡村旅游业发展较快

东海县历史悠久，是江苏省全域旅游发展县市区，参照《旅游资源分类、调查与评价》（GB/T 18972—2017）的旅游资源分类标准，东海县旅游资源类型比较丰富，在全国旅游资源类型的8个主类，31个亚类和155个基本类型中，东海县旅游资源有7个主类，17个亚类，34个基本类型，共有94项旅游资源单体，东海温泉旅游、水晶旅游是最为亮丽的两张名片。全县共有景区（点）8个，其中国家4A级景区3家［温泉旅游度假区（连云港东海羽泉景区）、东海国际水晶珠宝城、中国东海水晶博物馆］、3A级景区3家（青松岭森林公园、湖西生态园、御园景区）；全国农业旅游示范点 4 家（温泉旅游度假区、石梁河万亩葡萄观光基地、石湖生态园、青松岭森林公园）；省级乡村旅游示范点 9 家，举办了黄川草莓节、石梁河葡萄节、李埝槐花节、羽山樱桃采摘节、西双湖百合节等特色乡村旅游节庆活动。旅游接待人次及旅游收入逐年增加，2001 年全年接待旅游人次为 28 万人次，旅游收入 1 亿元；2010 年全年接待旅游人次为 232 万人次，旅游收入 23.4 亿元；2018 年全年接待旅游人次为 672.5 万人次，比 2017 年增长 9.1%，旅游收入 67.0 亿元，较上年增长 8.9%。

（四）产业呈集中分布态势，形成不同的集中产区

东海县农业产业主要为粮油、生猪、蔬菜、林果、家禽、花卉苗木、水产等，水稻主要种植分布在东部湖洼农业区（黄川、平明、张湾、白塔埠、房山等乡镇）和中部平坡农业区（石梁河、黄川、温泉、石榴、牛山、驼峰、石湖、曲阳、房山、安峰、白塔埠等乡镇），小麦在全县各个乡镇都有分布，玉米花生等主要分布在西部岗岭农业区（洪庄、桃林、山左口、李埝、温泉等乡镇），蔬菜主要分布在黄川、安峰、驼峰、曲阳、双店、桃林等乡镇，果树主要分布在石梁河、桃林等乡镇，生猪、大牲畜、家禽、羊等各个乡镇基本都有养殖，生猪主要分布在石榴、白塔埠、石梁河、温泉、双店、洪庄、桃林、房山、驼峰、李埝和山左口等乡镇，大牲畜主要分布在温泉、双店、洪庄、桃林、李埝、石湖和山左口等乡镇，家禽主要分布在白塔埠、黄川、青湖、石梁河、桃林、洪庄和李埝等乡镇，羊主要分布在石梁河、温泉、双店、桃林、洪庄、李埝、山左口和石湖等乡镇。总体上看，东海县基本形成"峰泉路及其延长线、G310 沿线、连徐高速公路沿线"种养殖业生产布局，峰泉路及其延长线主要发展小麦、花卉水果食用菌、畜禽养殖和水产养殖产业；G310 沿线主要发展稻麦、蔬菜及养殖业；连徐高速公路沿线重点发展稻麦及养殖业。

（五）培育了一批具有一定规模的农业新型经营主体

截至 2018 年，东海县拥有规模以上农业产业化龙头企业 167 家，其中连云港万润肉类加工有限公司、东海果汁有限公司、江苏越秀食品有限公司、连云港温氏畜牧有限公司、连云港天谷米业有限公司、江苏白龙马面业有限公司、江苏荣泽食品有限公司、江苏马陵山畜禽生态养殖有限公司、江苏得乐康食品有限公司、江苏汇祥食品有限公司、江苏恒益粮油有限公司和连云港西诺花卉种业有限公司等 12 家为江苏省省级农业产业化龙头企业，市级、县级农业产业化龙头企业数量分别为 57 家、98 家，其中出口创汇企业 16 家，出口额 7 345 万美元。全县登记注册 533 个家庭农场，从业人员

2 707 人，初始投资 52 826 万元，经营规模达 6 986.7hm²；其中种植粮食作物的 295 家（10.0hm² 以上），种植蔬菜的 55 家（2.0hm² 以上），种植花卉苗木的 38 家（3.3hm² 以上），种植水果的 145 家（3.3hm² 以上）。全县农民专业合作社总数 1 888 个，入社成员达到 21.2 万户，按照产业分，有稻麦合作社 236 家、蔬菜种植合作社 218 家、农机服务合作社 308 家、生猪养殖合作社 333 家、鸡鸭养殖合作社 140 家、养牛合作社 200 家、植保合作社 112 家；其中有农民合作社联社 16 个，国家级示范社 5 个，省市县示范社 285 家。新型经营主体的发展壮大，为东海县乡村产业发展做出了重大贡献。

（六）产业发展基础设施较为完善

2018 全年农田水利基础建设总投资 1.28 亿元，开挖土石方 950 万 m³，疏浚河沟 44 条，新建、改建电灌站 34 座，年末有效灌溉面积 113 900hm²。高标准农田面积达到 48 900hm²，农业机械总动力达到 163.82 万 kW，较上年增加 21.68 万 kW，拥有农用飞机 26 架。

第四节　SWOT 分析

SWOT 分析包括优势分析（S）、劣势分析（W）、机会分析（O）和威胁分析（T）。

一、优势分析

东海县地处经济相对落后的苏北地区，但在历届县委县政府领导下，全县人民共同努力，为实现乡村振兴打下了良好基础，农业农村发展方面与相邻区域比较也具有一定优势。

（一）科技资源优势

乡村振兴的关键不仅在于培养一支爱农业、懂农村、懂农民的"三农"工作队伍，还需要强有力的科技支撑。东海县是全国科技进步考核先进县，历来重视科学技术研究工作，目前拥有一支产业体系较为完善的农业科研、推广人才队伍；县委县政府每年都拿出一定比例的财政资金投入科技创新、推广示范；更为重要的是，东海县十分关注引智工作，与南京农业大学、扬州大学、江苏省农业科学院、中国农业科学院等高等院校、科研单位建立了密切合作关系，合作范围涉及农业全产业链的各个环节。东海县是中国农业科学院在县级区域建立试验站的第一县，也是中国农业科学院首批建设的四个乡村振兴科技示范县之一，中国农业科学院的农业环境与可持续发展研究所、农业资源与农业区划研究所、水稻研究所、郑州果树研究所、蔬菜花卉研究所、研究生院等单位成为东海县乡村振兴的首批科技支撑单位。

（二）区位优势

东海县位于连云港市区西边40km处，连云港市作为全国首批十四个沿海开放城市，处于亚太经济圈、环渤海经济圈、长三角经济圈、丝绸之路经济带和21世纪海上丝绸之路（"一带一路"）的"十"字形节点位置，这为东海县乡村产业优质产品走向全国、走向世界提供了广阔的舞台，也为吸引世界现代农业科技成果到东海开花结果提供便利条件。

（三）农业产业优势

东海县是全国首批50个商品粮基地县之一，是全国绿化模范县、经济林建设先进县，是江苏省花生生产基地、瘦肉型猪基地和果品基地。拥有"东海大米""东海（老）淮猪肉"等6个国家地理标志保护产品；拥有2家省级现代农业园区，即江苏东海现代农业产业园区、江苏东海黄川现代农业产业园区；有市级现代农业产业园区8家。拥有规模以上农业产业化龙头企业167家，登记注册的家庭农场533个，农民专业合作社总数达到1 888个，不同类型的新型经营主体发展壮大，有力地促进东海县乡村产业发展；新型职业农民培育度达到44%，为乡村产业发展、农民增收提供了智力支撑。产业发展的基础设施较为完善，全县有效灌溉面积113 900hm²，高标准农田面积达到48 900hm²，农业机械总动力达到163.82万kW，拥有农用飞机26架。

（四）经济优势

改革开放以来，东海县委、县政府始终坚持以经济建设为中心，坚持"工业强县，产业兴县"的发展战略，逐步建立并发展了以硅产品加工业、食品制造业、新型建材加工业、机械设备制造业以及纺织工业等为主的工业体系，综合经济实力不断增强，是全国综合实力百强县，为实施统筹城乡发展的"工业反哺农业和城市带动农村"战略创造了良好的条件。现阶段的东海县正处在工业化和城镇化的双重进程之中，随着东海县工业化水平的不断提高，不断增强的经济实力为乡村振兴提供了坚实的物质基础。

（五）生态优势

东海县是首批全国绿化模范县、全国经济林建设先进县、全国园艺产品出口示范县、全国沿海防护林体系建设先进县、国家级生态示范区、国家可持续发展试验区。调查表明,东海县耕地质量整体上没有污染,为进一步打造优质农产品奠定了良好基础;监测表明,地表水达到或者优于Ⅲ类水质的比率达到83%,水域功能区达标率100%,空气质量整体良好。东海县林木覆盖率逐年增加,由2010年的24.48%增加到2018年的27.5%。全县各个乡镇街道都是国家命名的国家级生态乡镇,国家级生态村2个;有省级生态文明建设示范乡镇6个(牛山街道、温泉镇、白塔埠镇、安峰镇、房山镇和石湖乡),省级生态村22个。

二、劣势分析

在历届县委县政府领导下,全县人民共同努力,东海县在农业农村发展方面在相邻区域虽有一定优势,但也应该看到,为实现乡村振兴,东海县还需要继续努力,弥补不足。

(一)产业与科技结合不紧密

东海县虽然拥有中国农业科学院东海实验站的科研单位、人才优势,但是也应该看到东海农业科技进步贡献率与周边地区比较并无优势,科技进步对产业发展作用没有成分发挥,尤其是种业发展相对落后。"国以农为本,农以种为先",种子是农业生产中的基本生产资料,是促进农业长期稳定发展,保障国家粮食安全的重要保证。东海县虽是重要的粮食生产大县、畜禽养殖大县,但是应该看到,东海县除了在推广改良老淮猪领域做出了较大成绩外,农作物种业发展整体较为薄弱,与发展现代农业的要求还不相适应,体现在:一是育种创新能力较低,主要是缺少育种人才,东海品牌种子培育较少;二是种子企业竞争能力较弱,主要是企业数量多、规模小、研发能力弱;三是种子生产水平不高,种子繁育基础设施薄弱。

(二)特色产业未形成规模,产业效益低下

近几年,东海县各乡镇根据不同的自然条件和产业基础,引导农民发展适应当地情况的产业,重点培育了葡萄、草莓、蓝莓、甜瓜、食用菌、花卉苗木、羊、小龙虾等特色农产品,但是规模还不大,2018年全县农作物总播种面积204 200hm²,其中,粮食播种面积161 100hm²,占总播种面积的79.87%,蔬菜瓜果33 200hm²,仅占16.3%。由此看来全县目前农业种植结构仍为粮食偏重型,经济高效作物比例犹显过小;大宗农产品中,通过延长产业链,进行产品精深加工,形成大规模具有较强竞争能力的区域品牌还只是凤毛麟角。虽然近年来,大力鼓励家庭农场、专业合作社等新型经营主体

发展，农户分散经营仍是农业生产的主要方式，农业发展的规模优势没有充分发挥，规模效益得不到体现。

（三）龙头企业带动能力不强

发展现代农业产业必须依靠一批规模大、实力强、带动力强的现代企业，形成"公司+组织（协会、合作社）+基地+农户"有机结合的产业链组织模式，带动产业发展。而目前全县的农业企业虽有 167 家，其中外向型龙头加工企业 10 多家，规模以上农副产品加工企业 39 家，2018 年农副食品加工业产值达到 25.5 亿元，规模以上农副产品加工企业工业产值平均每家不到 1 亿元，规模较小；产业链延伸不长，与基地农户利益联结不紧密，没能形成全产业链企业集群，带动作用非常有限。专业合作社达到 1 888 家，入社的合作社主要成员户均直接增收 1 000 多元，但合作社发展还有很大的提升空间。

（四）劳动力素质有待提高

高效农业是技术密集型产业，规模化生产需要大量的有技术、有体力的劳动力，而目前，东海县每年进入本科高校读书的青年就有 2 000 人以上，但回到东海工作的每年不到一半，农村青壮年劳动力大部分外出打工，仅国外务工人员就达到 6.2 万人，农业生产人员的主力是年老体弱之人，接受新技术和市场信息比较慢，很难适应高效农业规模化生产。调查显示，东海县农业从业人口中男性占 38.2 %，女性占 61.8%。按年龄分，20 岁以下占 4.6 %，21~30 岁占 13.1 %，31~40 岁占 22.7 %，41~50 岁占 25.9%，51 岁以上占 33.7%；按文化程度分，未上学占 12.3%，小学占 40.8 %，初中占 42.6%，高中占 4.1%，大专及以上占 0.2%。从业人员文化素质低，接受和应用先进技术的能力较弱，将制约高效设施农业规模化、标准化发展。

三、发展机遇（机会分析）

随着农村改革进一步深化，以及我国经济由高速增长阶段转向高质量发展阶段，以及工业化、城镇化、信息化的深入推进，农业农村发展处于大变革、大转型的关键时期，国家在实施一带一路发展战略、长江经济带发展战略同时，还提出了实施乡村振兴战略、科教兴国战略、人才强国战略、创新驱动发展战略等，这些重大举措为东海县乡村振兴提供了良好的外部环境。

（一）人民日益增长对美好生活的需要

党的十九大报告指出，中国特色社会主义进入了新时代，新时代的社会主要矛盾是"人民日益增长的美好生活需要和不平衡不充分的发展之间的矛盾"。人民对美好生活需要即包括对物质生活的需求，如对特色农产品的需求、优质农产品的需求，也包括对精神层面的需求，如休闲度假需求、自我实现需求、自身生活安全需要等。乡村振兴能更好地满足人民群众对美好生活需要。因此对东海县来说是一个难得契机。

（二）国家实施农业供给侧结构性改革

新形势下，农业主要矛盾已经由总量不足转变为结构性矛盾，主要表现为阶段性的供过于求和供给不足并存，推进农业供给侧改革，提高农业综合效益和竞争力，是当前和今后一个时期我国农业改革和完善的主要方向。东海县作为全国粮食生产百强县之一，在保障国家粮食安全中发挥了重要作用，这种作用不可替代，也不能替代；同时，为满足人民群众对美好生活的向往，在持续保持粮食生产基础上，以市场需求为导向，调整完善农业生产结构和产品结构。

（三）新技术革命方兴未艾

移动互联网、大数据、云计算、物联网、区块链等新一代信息技术发展迅猛，以农产品电商、农资电商、农村互联网金融为代表的"互联网+"农业产业迅速兴起。现代育种技术、绿色生产、绿色制造、食品科学、航空航天等加速创新应用。高新技术的飞速发展，延伸了农业产业链条，重构了产业主体之间的利益联结机制，创新了城乡居民的消费方式，为乡村产业融合发展注入了不竭的发展动力。

四、面临挑战（威胁分析）

虽有良好的国内外环境和省内外的发展给东海县未来乡村振兴带来许多机遇，但是也应该看到，这些机遇并非东海县独有，连云港市其他县市区乃至江苏省其他各县市区一样共同拥有这些机遇，周边地区如徐州市的邳州市、沛县、新沂市，宿迁市的沭阳市等都是全国农业综合百强县市，并且周边地区发展步伐加快，对东海县乡村产业发展也构成很大挑战。

（一）科技支撑产业发展有待加强

东海县在农业科技领域具有较强的优势，尤其是拥有中国农业科学院东海试验站，但是应该看到，农业科技优势与产业融合并不紧密，并没有转化为产业兴旺的动力；东海县农产品加工业在国民经济中占有一定比例，但缺少科技型龙头企业，尤其是缺少科技创新型企业，这与东海县粮食大县、人口大县的现状不符，未来应该紧抓科技创新这个牛鼻子，促进产业发展。

（二）区域产业形成同质化竞争

连云港市与徐州市、宿迁市、淮安市、盐城市等城市同属苏北地区，其与山东的临沂市、日照市等城市接壤，这些地区工业化、城市化程度总体较低，农业在国民经济中都有较大的比例，农民在全部人口中所占比例仍在55%以上，加快农业发展、发展农村经济、增加农民收入是各地政府面临的共同问题。除了山东外，苏北地区各市自然资源条件更加一致，农业产业结构相似，作物类型近似，易于导致周边发展相似的产业，形成同质性竞争。

（三）资源、环境承载力面临挑战

随着东海县人口增加，以及产业发展和产业结构调整，东海县资源将日趋紧张，如水资源、耕地资源人均数量减少；保障粮食安全，则发展设施高效农业耕地面积就受到限制；水资源承载力、土地承载力、环境压力也将逐渐增加，这对实现"山清水秀"的美好环境愿景都是挑战。

（四）城市化对农业农村经济的影响

随着城市化的加速推进，农村人口随之向城市迁移，迁移出的人口多数是青壮年或者有文化的人，这不仅导致了乡村文明传承后继乏人，乡村治理缺乏坚强有力的带头人，产业发展也缺乏掌握现代农业科技的大量劳动力、管理人才等，乡村人口减少导致的消费能力下降，进而引起的乡村破败等。东海县农村不应成为荒芜的农村、留守的农村，记忆中的故园，因此处理好城乡人口的双向流动，更多是促进城市向农村流动，是东海县乡村振兴不可避免的一大挑战。

（五）乡村振兴创新发展面临挑战

经过多年的努力，东海县农业农村发展综合配套体系建设已具有一定基础，但也应该看到，在中国特色社会主义新时代背景下，乡村振兴战略不同于过去我国提出的农村各项改革政策，它是一项系统性工程，既考虑到产业发展，保证农民生活富裕，又考虑农民精神生活需要，实现中华文明传承，还考虑到乡村治理，让农民拥有和谐稳定的社会环境，因此涉及政策繁多复杂，如利益分配政策、城乡融合发展政策、土地政策、产业发展支持政策、农业保险政策、农业灾害风险防控政策、农民培训政策、基层管理体制等等，因此修改废止与乡村振兴不相适应的政策、完善制定新的政策，尤其是组织管理机制创新、投融资机制创新、人才机制创新等方面，极大限度释放乡村振兴发展内在动力也是面临的一项重要挑战。

（六）乡村振兴的制度创新和政策设计

实施乡村振兴，必须建立超常规的体制和机制，采取超常规的措施。即需要国家顶层政策的支持，也需要完善相关政策的东海县实施方法。制度创新要致力于从根本上解决问题，要促进基础建设、要素配置、公共服务、人才配备、资金支持等向农业农村倾斜，确保资源资金流向乡村振兴主战场。

第三章　研究思路

第一节　指导思想

全面贯彻党的第十九大和十九届二中、三中全会精神，以习近平新时代中国特色社会主义思想为指导，认真领会《国家乡村振兴战略规划（2018—2022）》的精神，抓紧落实江苏省委、省政府《江苏省乡村振兴战略规划（2018—2022）》和连云港市委、市政府《连云港市乡村振兴战略实施规划（2018—2022）》的精神，紧紧围绕统筹推进"五位一体"总体布局和协调推进"四个全面"战略布局，按照产业兴旺、生态宜居、乡风文明、治理有效、生活富裕的总要求，深入剖析东海县乡村振兴发展基础，充分研判东海县乡村振兴发展形势，明确提出东海县乡村振兴战略定位和发展目标；研究东海县振兴发展路径；提出东海县乡村振兴的具体实施方案。努力践行"创新、协调、绿色、开放、共享"的新发展理念，以创新发展为动力，以市场需求为导向，以农业供给侧结构性改革为主线，以绿色、优质、高端、高效、可持续为方向，紧紧围绕产业兴旺下功夫，以产业兴旺带动农村事业全面发展，建设"强富美高"新东海。

第二节　研究方法

主要包括收集资料法、现场（问卷）调查法、专家咨询法、地理信息系统分析法、趋势分析法、指数法等。资料收集法就是现状调查时候获得现有的农业、农村、农民等各种资料的方法，该法只能获得第二手资料，不能完全符合要求。现场（问卷）调查法是为了弥补资料收集法不足并且研究者需要直接获得第一手数据资料方法。专家咨询法主要是组织"三农"问题、区域发展等不同领域专家针对乡村振兴研究进行专门和程序性的咨询调查，以对这些问题进行高层次、专业性的预测判断与评价。应用地理信息系统分析方法可以保证乡村振兴研究中的多规合一，遵守生态保护红线和资源利用上线，也保证乡村振兴措施落到实处。趋势预测分析法亦称时间序列预测分析法，是根据事业发展的连续性原理，应用数理统计方法将过去的历史资料按时间顺序排列，然后再运用一定的数字模型来预计、推测计划期产（销）量或产（销）额的一种预测方法；包括算术平均法、移动加权平均法、指数平滑法等，如预测区域内人口变化趋势、产量变化趋势等。指数用于测定多个项目在不同场合下综合变动的一种特殊相对数，有多种计算方法，可用于产业选择、农业环境变化、乡村振兴进度监测等。

第三节　依据原则

一、创新驱动

创新发展在促进质量兴农、促进绿色兴农、促进三农协调发展等方面具有重要意义。以科技创新为引领，构建多种经营主体的创新体系，壮大发展以现代农业为主导的高科技产业集群。东海县依托中国农业科学院、南京农业大学、扬州大学、江苏师范大学、江苏省农业科学院等高等院校、科研院所促进农业科技成果集成、转移、转化，通过试验示范将科研成果转化为现实生产力。围绕东海县乡村全产业链需求，把创新作为引领产业转型升级的第一动力，加快推进技术创新、产品创新、管理创新，着力增品种、提品质、创品牌，推动初级加工向价值链中高端发展，促进产业由规模数量型向质量效益型转变，将东海县建设成为国内领先的农业高新技术的集聚园、先行先试的试验田、绿色发展的先行区，促进东海县可持续发展，为全面实施乡村振兴科技支撑行动提供东海智慧和样板。进一步深化体制机制改革，充分发挥政府的主导作用，发挥企业的带动作用，发挥农民的主体作用，着力培育壮大各类创新主体和经营主体，发挥好科技特派员和新型职业农民作用，深度激发涉农科技"双创"活力，促进小农户和现代农业更好衔接，让东海县时刻、处处充满创新活力，成为创新产品、创新思路、创新政策的起源地，促进东海县乡村振兴大发展。

二、产业优先

结合资源禀赋、历史文化，科学规划东海县乡村振兴发展；按照乡村振兴的总体要求，产业兴旺是根本，突出产业的重要性，一切发展以产业兴旺为基础；梳理产业融合模式，形成产业融合、产城融合、城乡融合的模式；引导资源要素聚集，协调各方力量深度参与，建设江苏省乃至全国产业兴旺优势区和示范区。

三、生态为本

践行绿水青山就是金山银山的理念，突出东海县"西丘东平原湖荡"的地形地貌特点，把保护生态环境放在优先位置，大力发展资源节约型、环境友好型农业，推广绿色经济，提高土地产出率、资源利用率、劳动生产率，促进绿色循环经济模式形成，建设"山清水秀、绿树成荫、风景如画、生活便捷"的宜居东海。

四、人文为根

按照保护历史文化的真实性及完整性原则，坚持保护第一，保护与开发利用相结合，全面保护与重点保护相结合，物质形态与非物质形态历史文化并重的思路，对东海县名镇、古镇、各级文物保护单位、古树名木以及传统工艺、传统文化等非物质文化遗产进行严格保护。同时注重提高东海农村居民的法律意识、自治意识等，形成精神文明建设新高地。

五、互利合作

统筹利用国际国内两个市场、两种资源，抢抓"一带一路"倡议机遇，围绕龙头企业转型升级需要，借鉴欧洲、日本、韩国、我国台湾地区等的乡村振兴先进理念和模式，大力引进先进技术、经营模式、管理方式和现代服务，加强与国际知名企业和机构合作，实现资源共享，合作共赢的目的，大力开拓国际市场，推动东海县走出去。

第四节　研究内容

一、东海县乡村振兴的战略定位

根据东海县的区域位置、经济条件、农业基础、科技条件等，研究东海县乡村振兴实施对全国的影响力，即战略定位。总体来说，力争把东海县打造成为全国科技支撑乡村振兴示范区、产业融合发展先行区、优秀文化传承典范区、生态环境保护示范区、乡村组织建设样板区，打造为国家乡村振兴示范引领高地（"五区一高地"）。

（一）"五区"

科技支撑乡村振兴示范区。科学技术是第一生产力，东海县拥有良好的农业科技资源，又是中国农业科学院首批四个乡村振兴科技支撑示范县。应该借助这个良好机遇和平台，把农业科技创新摆在最为突出的位置，不断完善人才培育与引进机制，不断引进新技术新品种，不断探寻发展新动能；坚持农业农村优先发展，发挥科技创新对乡村产业发展的决定性作用，突出人才对农业农村现代化建设中的全面支撑作用，依靠科技创新驱动乡村振兴，将东海县打造为全国知名的科技支撑乡村振兴示范区。

产业融合发展先行区。按照乡村振兴关于产业兴旺的要求，坚持集约化规模化生产和农产品全产业链发展并重，不断壮大融合型企业，围绕大宗农产品就地转化和农业机械化等需求发展"两尾"相关产业，围绕农产品流通和"互联网+"着力发展现代服务业，创新农产品流通和销售模式，为一二三产融合发展提供有效示范，成为产业融合发展先行区。

地域文化传承典范区。挖掘连云港市和东海县的民间文化、乡土文化、红色文化等，制定专门的保护和传承的措施与政策，在保护的同时，采用互联网、4G（5G）网络等最新渠道，对东海县地域传统文化进行宣传和发扬，成为传统文化传承的典范区。

生态环境保护示范区。牢固树立和践行"绿水青山就是金山银山"的理念，落实节约优先、保护优先、自然恢复为主的方针，统筹山水林田湖系统治理，严守生态保护红线，不破坏自然环境、不破坏自然水系、不破坏村庄肌理、不破坏传统风貌，做到生态、生产、生活空间融合，营造良好的乡村环境，以绿色发展引领乡村振兴。

乡村组织建设样板区。乡村基层党组织是我国组织建设的堡垒，不断提高党领导农村工作水平，必须加强农村基层党组织建设。加强农村基层组织建设，重点是要抓好农村党支部建设。农村党支部的领导核心地位要求在农村，村民委员会等群众自治组织，妇女、青年、民兵等群众组织都必须由村党支部的领导，发挥各自的作用，促进各项工作的健康发展。通过树典型、抓先进等手段推进乡村组织建设，成为组织建设的样板。

（二）"一高地"

东海县从科技支撑发展、产业融合发展、文化传承发展、组织建设发展、保护生态绿色发展，经过多年的努力，最终将东海县打造成为国家乡村振兴示范引领高地。

二、东海县乡村振兴的实施思路

按照"产业兴旺、生态宜居、乡风文明、治理有效、生活富裕"总要求，努力践行"创新、协调、绿色、开放、共享"的新发展理念，以创新发展为动力，以市场需求为导向，以农业供给侧结构性改革为主线，以绿色、优质、高端、高效、可持续为方向，紧紧围绕产业兴旺下功夫，以产业兴旺带动农村事业全面发展，建设"强富美高"新东海。具体实施思路为"一优化三推进三强化"。

（一）优化国土利用空间

对东海县国土空间进行科学配置和利用，守住或者尽可能增加"三线三区"，减少低产农用地，盘活废弃和未利用国土空间，整合增加村集体建设用地、工业用地、商业用地等，保证东海县"三生"协调发展。

（二）推进产业融合发展

乡村振兴第一要务即为产业兴旺，不仅要农业兴，更要百业旺，要呈现出五谷丰登、六畜兴旺、三产深度融合的新景象。依据产业发展理论、主导产业布局理论等，推动农业结构调整、转型升级、提质增效，要推动农村一二三产业深度融合，形成一批新业态、新模式，全面带动乡村振兴。

（三）推进产村（镇）融合发展

紧紧围绕村镇特色优势产业、特色产品、资源禀赋等，强化政策扶持，通过政府主导推动、龙头企业带动、合作组织互动等措施，培育和壮大市场主体，实现产业兴旺、宜居美丽乡村等融合发展。

（四）推进城乡融合发展

抓好抓牢东海县乡村基础设施和公共服务设施建设环节，新建一批基础设施和乡村公服项目，改造和提升一批破旧落后的设施和项目，为乡村振兴目标的实现奠定基础。对具有一定基础、特色和优势明显的乡镇和村进行重点规划设计，分年实施、分步推进；高质量规划编制、高水准打造建设，努力形成"强富美高"新东海的乡村振兴特色亮点。

（五）强化创新支撑

要适应乡村产业由量到质转变的大趋势，建设乡村产业创新科技园区（农业高新技术示范区、现代农业科技园区）以及一批示范基地，加快乡村产业科技进步，创新研发一批新品种、新技术、新产品、新工艺，提升乡村产业科技成果推广转化水平，支持乡村产业发展。同时，机制体制等方面也要解放思想、创新改革，为乡村振兴持续增加活力。

（六）强化人才支撑

东海乡村振兴离不开人才，既包括高层次专业人才（科研人才、管理人才、文化人才等，也包括农村实用人才（各类能工巧匠、非遗文化传承人）的可持续供给，离不开心系乡土的带头人、领路人，更离不开千千万万个在乡村生活创业的"新农人"。未来要动员各方面力量，完善培训设施，利用各种培训方式，强化各类人才培养，实现东海人才振兴；同时，也要吸引各类高层次人才为东海乡村振兴服务。

（七）强化资金投入

把金融作为乡村振兴的重要支撑，通过金融创新，激活社会的资金流向，用好国家政策，整合区域资源，形成多渠道融资，投入乡村建设，形成助力东海县快速发展的新动能。积极培育各类市场主体，在产业领域、品牌打造、农事服务、科技示范等方面建立市场机制，以市场为导向，调整产业结构，顺应市场，满足市场需求。

三、东海乡村振兴具体目标

到 2025 年，乡村振兴的制度框架和政策体系健全。乡村振兴取得重要进展，现代农业产业体系初步构建，农业绿色体系初步形成，农业供给侧结构优化初步建立，农产品质量体系与农产品品牌市场体系初步稳定，农民收入实现预期目标，生态环境明显好转，人居环境突出问题得到有效治理，农民文化生活不断丰富，乡风文明程度进一步提高，农村基层组织建设明显加强，乡村治理体系进一步完善。培育 10 个乡村振兴示范乡镇和 16 个乡村振兴示范村（表 3-1）。

表 3-1　东海县乡村振兴战略实施规划主要指标

分类	序号	主要指标	2018 年基期值	2025 年目标值	2035 年目标值	属性
产业兴旺	1	粮食综合生产能力（万 t）	116.3	118.3	118.3	约束性
	2	高标准农田占耕地比例（%）	41.8	65	85	约束性
	3	农业科技进步贡献率（%）	65	70	75	预期性
	4	农业劳动生产率（万元/人）	7.18	8.52	14.3	预期性
	5	农产品加工产值与农业总产值比	1.9	3.3	3.8	预期性
	6	绿色农产品、有机食品及地理保护标志产品占比（%）	38.5	60	80	预期性
	7	农产品出口总额（亿美元）	0.8	2.5	4.5	预期性
	8	休闲农业和乡村旅游接待人次（万人次）	200	400	600	预期性
	9	全产业链企业集群数（个）	5	15	25	预期性
	10	知名农产品商标（个）	6	8	10	预期性
生态宜居	11	村庄绿化覆盖率（%）	32	36	38	预期性
	12	对生活垃圾进行处理的村占比（%）	85	98	100	预期性
	13	对生活污水进行处理的行政村占比（%）	12.7	95	100	预期性
	14	畜禽粪污综合利用率（%）	70.74	90	95	预期性
	15	农村无害化卫生厕所普及率（%）	89	≥95	100	预期性
	16	秸秆综合利用率（%）	97.5	98	98	预期性
	17	水利用系数	0.55	0.65	0.65	预期性
	18	肥料利用率（%）	30	40	43	预期性
	19	国家或者省级生态村占比（%）	22	100	100	预期性
乡风文明	20	村综合性文化服务中心覆盖率（%）	41	100	100	预期性
	21	县级及以上文明村和乡镇占比（%）	35	65	65	预期性
	22	农村义务教育学校专任教师本科以上学历比例（%）	75	85	85	预期性
	23	农村居民文化娱乐支出占比（%）	6.7	7.2	7.2	预期性

（续表）

分类	序号	主要指标	2018年基期值	2025年目标值	2035年目标值	属性
治理有效	24	村庄规划管理覆盖率（%）	90	100	100	预期性
	25	建有综合服务站的村占比（%）	78	100	100	预期性
	26	村民委员会依法自治达标率（%）	97.3	≥98	≥98	预期性
	27	村党组织书记兼任村委会主任的村占比（%）	5.8	50	100	预期性
	28	农村和谐社区建设达标率（%）	86.9	96	96	预期性
	29	集体经济强村占比（%）	10	20	40	预期性
	30	村庄视频监测系统覆盖率（%）	—	100	100	预期性
生活富裕	31	农村居民恩格尔系数（%）	32.1	30	25	预期性
	32	农村居民人均可支配收入（万元）	1.52	3.12	5	预期性
	33	城乡居民收入比	1.98	1.91	1.51	预期性
	34	区域供水入户率（%）	88	95	99	约束性
	35	行政村双车道四级公路覆盖率（%）	82	100	100	约束性
	36	农村基层基本公共服务标准化实现度（%）	85	94	100	预期性
	37	乡村振兴示范镇（个）	—	10	19	预期性
	38	乡村振兴示范村（个）	—	16	160	预期性

四、东海县乡村振兴的主要做法

（一）科技创新方面

1. 建设一所乡村振兴协同创新研究院

在中国农业科学院东海试验站基础上，中国农业科学院联合南京农业大学、扬州大学、江苏省农业科学院、连云港市农业科学院等科研院所并整合东海县农业农村资源，建设东海县乡村振兴协同创新研究院，研究院根据东海县乡村产业发展设置相关产业研究室、政策研究室等。

2. 培养三支队伍

实施乡村振兴战略的一个重要着力点，就要把科技创新放在首要位置，强化人才队伍建设，柔性引进区域外人才，创办东海县"乡村振兴讲习所""农业技术大讲堂""职业农民培训基地""乡贤学院"等，培育壮大乡村本土人才，积极引导各类人才向乡村流动聚集，全面提升优化人才发展环境，推进乡村地区"留人，聚人，育人，引人"，提升人才服务保障能力，着力打造新型职业农民队伍、农村实用人才队伍、农村专业人才队伍。

3. 推进五项工作

（1）加强农村实用人才培养。整合全县农业广播学校、职业中学、龙头企业等资源，建设东海县乡村振兴讲习所，构建高素质农民教育培训体系，为乡村振兴源源不断地提供各种能工巧匠、经营管理人才等，提升农民文化素质。

（2）选派科技特派员。建设全县科技人员信息库和行政村经济社会发展信息库，及时为每个行政村选派科技特派员 1~2 人，解决乡村发展面临的技术瓶颈。

（3）构建现代产业技术体系。围绕水稻、小麦、花卉、草莓、生猪、家禽等现代产业配置科技资源，引进区域外人才，构建现代产业技术体系，解决产业发展面临问题，全面提升现代产业发展水平。依托现代产业技术体系，合理安排东海县农业科技人员培训，提升服务现代产业发展能力水平。

（4）建设现代产业试验示范基地。提升连云港市国家现代农业科技园区发展水平，提升现有的省级、市级现代农业科技示范区建设层次，提升市级以上农业高新技术企业影响力，拓展东海国际农业合作园区的合作范围，着力新建一批试验示范基地，形成与全县产业发展相适应的试验示范基地，让农民可看、可学、掌握产业发展新动向。

（5）建立有效的农村人才队伍建设管理机制。完善东海县乡村人才发现、培养、评价、激励机制，大力支持高校毕业生、大学生村官、退伍军人等群体到农村创办领办农业企业、合作社，培养造就一批新农民；出台有利于调动青年人返乡创业积极性的政策，尤其在金融、项目等方面给予大力支持，做好统筹城乡一体化发展工作，在教育、医疗、养老等民生保障上让农业从业者和其他行业从业者享有同等福利保障，彻底解决返乡创业青年人的后顾之忧。鼓励支持东海籍企业家、党政干部、专家学者、医生、教师技能人才等，通过下乡担任志愿者、投资兴业、包村包项目、行医办学、捐资捐物等方式服务乡村振兴事业。

（二）乡村产业绿色发展方面

1. 构建五大乡村产业板块

充分研判东海县产业发展现状与前景，构建五大乡村产业板块，即农业休闲与乡村旅游产业、现代农产品加工与流通业、现代种植养殖业（粮食、蔬菜、畜禽、花卉、林果、水产养殖）、乡土特色产业和乡村新型服务业，保障国家粮食安全、质量安全、增加农民收入。发挥国家农业科技园的生产功能，优化业态结构，把省级现代农业产业园区建设为国家级现代农业产业园区，同时，培育一批具有明显特色的镇级产业集聚区（园区）。打造生产、加工和服务一体化的现代农业产业化联合体，发展物流+电商、产业链+金融等新业态，建设运行高效的农业产业链。制定相应的激励政策，鼓励龙头企业研发更多新技术、提升产品科技含量，并以此为平台指导帮助更多龙头企业建立科技研发中心，提高企业的科技创新水平。

2. 实现三个转变

绿色标准化——转变乡村产业的生产方式。乡村产业布局由分散型向优生区域集中布局向规模专业型转变，生产方式由粗放型向集约型转变，由资源依赖型向科技驱动型转变，由短期透支型向长远友好型转变。

产业组织要素化——转变乡村产业组织方式。由松散型利益联结向紧密型利益联结转变；由单一的种植业或者养殖业模式转变为"企业+科研单位+产业园（基地）+合作组织（基层党支部）+金融+品牌销售（互联网）"的产业链发展模式。

从业人员职业化——转变农民从业方式。乡村产业从业人员由传统即是粮食种植从业者、又是养殖从业者、又是商品销售者向掌握现代科学技术的某一产业的专家型生产经营主体转变，培养出新时代乡村产业的新型生产经营主体，提升产业产品专业化水平，提高市场竞争力。

3. 培育一批全产业链企业集群及产业强镇（村）

东海县建设一批高标准、成规模的现代农业产业化示范基地、示范园区、休闲基地、出口产业基地等，提高产业规模化集约化发展水平。促进家庭农场和农业合作社高质量发展，发挥龙头企业的作用，壮大农业生产性服务企业，培育一批全产业链企业集群及产业强镇（村），引导龙头企业采取让农户入股、龙头企业领办创办农民合作社等方式和采取股份分红、利润返还等形式，完善与农户的利益联结关系，实现共同发展。

（三）生态宜居方面

1. 优化国土利用空间格局

遵循国家及省、市有关文件政策要求及东海县人口未来发展，划定生态保护红线、永久基本农田保护红线和城镇开发边界红线；对于生态红线以内区域，实施严格的生态环境保护措施，确保红线区生态功能不降低、面积不减少、性质不改变。在划定永久基本农田保护红线同时，划定粮食生产功能区和重要农产品生产保护区。

2. 抓好四类工程

（1）实行农业绿色生产工程。围绕规划的产业体系，抓好全县畜禽粪污资源化利用工作，力争所有规模化养殖企业都建设相应的畜禽粪污处理设施，制定相关政策，促进粪污还田；抓好化肥农药减量增效工作，重点是菜果花等种植过程中的化肥农药减施增效，争创全国农业绿色发展示范县；抓好秸秆还田、农产品加工业废弃物资源化利用工作；开展高标准农田建设，提高水资源利用率。

（2）实施绿色东海工程。按照山水林田湖草统筹治理的思路，开展植树造林，重点是农村庭院、道路两边、宜林荒地等绿化，建设多条绿色廊道。

（3）人居环境提升。因地制宜地进行村庄规划，分区分类推进农村改厕工作，做好厕所粪污处理与资源化利用工作；统筹推进农村生活垃圾污水治理以及黑臭水体治理，以"干干净净迎小康"为主题，深入开展村庄清洁行动。

（4）生态环境保护文化及保护制度建设。在全县范围内普及国家环境保护法律法规，广泛开展生态环境保护的宣传教育活动，完善公众参与机制，对典型的违法案件要公开审理，让所有人自觉地保护生态环境。

（四）乡风文明建设方面

1. 推动文化繁荣

按照在发掘中保护、在利用中传承的思路，深度挖掘水晶文化、温泉文化、东海版画、红色文化等本土特色文化资源，支持各种社会力量和民间资本进入文化娱乐产业，扶持发展一批小微文化企业，鼓励本地企业或个人参与东海乡村振兴主题影视剧创作制作，引导影视、演艺、网吧等文化市场健康有序发展，完善乡村公共图书室，规划实现城乡一体化的公共图书共享体系。

2. 建设文化乡村

建立健全村级文化服务中心，以村级文化服务中心为载体，组织各级各类戏曲演出团体深入农村，促进戏曲艺术在农村地区传播和发展，逐步形成制度化、常态化。

3. 讲述东海故事

吸引社会力量，实施古村落、古民居拯救保护行动，开展乡村遗产客栈示范项目；继续开展文明村镇创建活动，开展寻找东海好人活动。通过上述系列活动，传承东海优秀历史文化，宣传乡村振兴中涌现出的先进事迹，讲述东海故事。

（五）治理有效方面

1. 提升基层组织核心凝聚力、引导能力、服务能力

乡村组织振兴，必须突出问题导向，着力破除积弊、夯实基础。既要做好减法，持续整顿软弱涣散村党组织，着力引导农村党员发挥先锋模范作用；又要做好加法，创新组织设置和活动方式，建立选派第一书记工作长效机制。村党支部组织两委成员、全体党员围绕实施乡村振兴战略，大力推进经济文化、村容村貌建设，破除社会陋习，提倡社会文明，防止邪教进入乡村；同时成立便民服务室，对乡村低保、证照办理、优抚补助等与群众利益密切相关的事项实行全程代办，让老百姓得到切切实实的实惠，建设全国一流的美丽乡村、幸福乡村。

2. 创新管理模式

形成网格化管理制度，分片监督、管理卫生、人身财产安全等。财务上更是严格把关，开支严明，做到财务每月公开，村务党务每季公开。每个村设置由村两委干部、乡贤、司法公安人员等构成的乡村调解组织，加强人民调解工作，妥善处理农民群众合理诉求，化解土地承包、征地拆迁、农民工工资、环境污染等方面矛盾。

（六）农民增收方面

1. 拓展农民增收技能

健全完善农民工职业技能培训制度，每年开展农民工职业技能培训5 000人。推进实施农民工等人员返乡创业培训3年行动计划，扩大培训资源、改进培训模式、增加培训内容，提升农民工等人员创业能力。

2. 拓宽农民收入渠道

继续开展脱贫攻坚工程，增加低收入群体的收入水平；大力发展绿色农产品，大力培植农业新产业新业态，增加农副产品的附加值，制定全产业链中农户利益的分配增加机制。全面启动并完成农村集体资产清产核资工作，扎实推进农村集体经营性资产股份合作制改革，保障农民的集体收益分配权。

第四章　国土空间优化与布局

坚持人口资源环境相均衡、经济社会生态效益相统一，统筹利用生产空间、合理布局生活空间、严格保护生态空间。

第一节　乡村人口预测

东海县人口规模持续增加，是江苏省的人口大县之一（表4-1），2018年达到124.6万人，在全省排第8位。东海县在2008年进行了行政区划调整，1978—2007年、2008—2018年两个时段的总人口变化都可以用线性模型测算，预测东海县总人口还将缓慢增加。2018年东海县户籍城镇化率46.7%。

表4-1　东海县人口数量及在江苏省位次变化

指标	2010年	2015年	2016年	2018年	2020年	2022年	2030年
东海县人口（万人）	115.1	122.8	123.5	124.6	125.37	128.24	139.52
江苏省人口（万人）	7 869	7 976	7 999	8 051	—	—	—
在连云港市位次	1	1	1	1	—	—	—
在江苏省位次	11	8	8	8	—	—	—

常住人口城镇化率为53.70%，皆低于全国平均值59.6%和江苏省平均值69.6%，随着国家改革开放步伐加大，东海县城镇化率还将进一步增大，总人口数虽然增加，乡村人口却呈现出逐渐降低趋势（图4-1），其变化也可以用线性模型进行模拟；与此同时，农林牧渔业从业人员也逐步降低，到2018年农林牧渔业从业人员仅为18.68万人，同样地，其变化也可以用线性模型进行模拟。

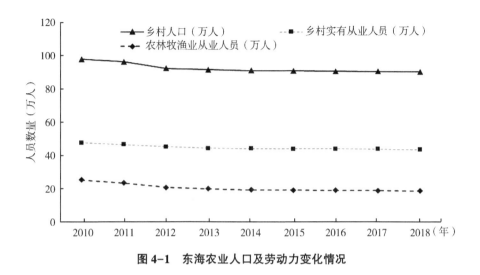

图4-1　东海农业人口及劳动力变化情况

第二节　空间发展结构预测

一、村庄建设用地标准

人均建设用地指标应为规划范围内的建设用地面积除以常住人口数量的平均数值。2007年在原《村镇规划标准》基础上修订的《镇规划标准》按照表4-2将人均建设用地分为四级。

表4-2　人均建设用地指标分级

项目	分级和指标（m²/人）			
	一	二	三	四
人均建设用地指标	60~80	80~100	100~120	120~140

2015年，全县人均农村居民点面积219.35m²，高于上述标准中人均140m²的上限值，农村居民点面积16 213.2hm²，占建设用地的42.89%，农村建设用地整理潜力较充足。

二、村庄建设用地预测

全县人均农村居民点面积已经高于国家标准中人均面积的上限值，因此村庄建设用地不得突破控制边界，不得增加村庄建设用地面积；相反地，应该适当减少村庄建设用地面积。

三、乡村建设用地调整

全县规划撤并 85 个自然村，可以调整出农村建设用地 108.6hm²（表4-3）。

表4-3　各乡镇乡村建设用地调整情况

乡镇（区）名	建设用地近期调整面积（hm²）	调整区域	调整类型	调整原因
牛山街道	50.30	望东村的五八组、六组；牛山村；郑庄村（4个）	—	村庄撤并
石榴街道	—	杨圩村小扬圩、新庄村小新庄（2个）	—	村庄撤并
开发区	—	葛宅村后小岭；范埠村小河崖；范埠村东小岭（3个）	—	村庄撤并
温泉镇	—	羽阳村小九队；西晓庄村小李庄（2个）	—	村庄撤并
曲阳乡	22.80	城北村小岭、小兴庄；兴西村小张庄、张庄、小刘庄；赵庄村张墓；官庄村尹官庄；兴旺村西小岭、小五队、小刘圩、后曲阳；前张村小前张谷（12个）	减少	村庄撤并
桃林镇	—	七埝村八组、三组、李方庄；徐西村小山庄；徐东村东南庄（5个）	—	村庄撤并
双店镇	3.13	竹北村南小庄；代相村新四队；南双村小前顶、西湖；北沟村小范庄（5个）	减少	村庄撤并
石梁河镇	1.36	兴辰村东尧、郑庄；南辰村小南辰；瓜安村范围子（4个）	减少	村庄撤并
石湖镇	2.40	大娄村小娄；池庄村西池庄；团池村老团池（3个）	减少	村庄撤并
山左口镇	13.21	石桥新村北小庄；双湖村马庄（2个）	减少	村庄撤并
李埝乡（李埝林场）	1.10	李埝村李埝二组、河东小庄（2个）	减少	村庄撤并
洪庄镇	3.09	车站村车站；连湾村畜牧二队；塔桥村小李庄；双桥村小郭庄、郭新庄（5个）	减少	村庄撤并

乡镇（区）名	建设用地近期调整面积（hm²）	调整区域	调整类型	调整原因
张湾乡	—	四营村西张庄；张湾村西小庄；营屯村军营、小姜、小李；马墩村夫厅；印屯村小印庄、小陈庄（8个）	减少	村庄撤并
驼峰镇	—	程庄村庙后（1个）	—	村庄撤并
平明镇	3.02	虎山村张宅；条河村赵口；上房村许庄（3个）	减少	村庄撤并
黄川镇	—	大尧村乔堆房（1个）	—	村庄撤并
房山镇	—	陶墩村小姜庄；民主村小穆庄；大穆村兴庄；贾庙村尹庄；蒋林村唐庄；兴东村小张庄、邱庄、张庄；邱庄村小官庄、小王庄（10个）	—	村庄撤并
白塔镇	—	钱塘村小倪墩；前圩村史圩；徐圩村麦墩湖（3个）	—	村庄撤并
安峰镇	—	安北村曾庄；前放村小侍庄、小刘庄、小苗庄；马圩村小西荡；蒋河村小砂礓咀（6个）	—	村庄撤并
青湖镇	—	青北村中学西；西五河村小北喜；小店村仇小店、朱嘴雁（4个）	—	村庄撤并

第三节 分级分类空间管控

一、生态空间管制

东海县国家级生态保护红线 35.43km²，省级生态空间管控区 471.22km²。除生态保护红线外的生态空间，实行负面清单管理制度，根据红线区主导生态功能维护需求，制定禁止性和限制性开发建设活动清单，确保生态管控区用地性质不转换、生态功能不降低、空间面积不减少。对红线区内已有的、不符合管理要求的开发建设活动以及居民点，应建立逐步退出机制，引导红线区内的人口和建设活动有序转移。

二、生产空间管制

1. 一级生产空间管控区——粮食功能主产区、重要农产品生产保护区、永久基本农田保护区管制

依法划定的"两区"农田，任何单位和个人不得占用。国家能源、交通水利、军事设施等重点建设项目选址确实无法避开"两区"地块，需要占用，涉及农用地转用或者征用土地的，必须经国务院批准。经国务院批准占用"两区"农田的，当地人民政府应当按照国务院的批准文件，修改"两区"划定方案，并补充划入数量和质量相当的"两区"农田。禁止任何单位和个人在"两区"范围内建窑、建房、挖沙、采石、采矿、取土、堆放固定废弃物或进行其他破坏"两区"划定农田的活动。禁止任何单位和个人占用"两区"划定农田发展林果业和挖塘养鱼。禁止任何单位和个人闲置、荒芜"两区"范围内的农田。国家提倡和鼓励农业生产者对其经营"两区"农田施用有机肥、合理施用化肥和农药。

永久基本农田保护区区内土地主要用作永久基本农田和直接为永久基本农田服务的农村道路、水利、农田防护林及其他农业设施；区内一般耕地，应按照永久基本农田管制政策进行管护；区内现有非农建设用地和其他零星农用地应当整理、复垦或调整为永久基本农田，规划期间确实不能复垦或调整的，可保留现状用途，但不得扩大面积；严禁占用区内永久基本农田进行非农建设，禁止在永久基本农田保护区内建房、建窑、建坟、挖沙、采石、取土、堆放固体废弃物或者进行其他破坏永久基本农田的活动。

2. 二级生产空间管控区——一般耕地管制

指农业空间内未划入粮食功能主产区、重要农产品生产保护区和永久基本农田保护区的一般耕地及其他农用地区域，区内土地主导用途为农业生产空间，以农业生产为主要用途。区内禁止城、镇、村建设，控制线型基础设施和独立建设项目用地；规划中已列明的重点建设项目，涉及占用限制建设区的，视为符合规划；规划中未列明但规划期内确需实施的建设项目，必须依据相关规划，经严格论证，论证通过后，方可依程序办理建设用地审批手续。

3. 三级生产空间管控区——独立工矿用地区管制

指分布于城镇开发区边界外，零散分布的独立工矿建设用地区，

区内土地主导用途为工业生产，需要按照节约集约用地，集约高效使用土地，对闲置低效、污染严重的区域及时进行整理，按照宜耕则耕、益林则

林进行整治。

三、生活空间管制

1. 一级生活空间管控区——农村生活空间管制

（1）区内土地符合规定的，可依程序办理建设用地审批手续，同时相应核减允许建设区用地规模。

（2）规划实施过程中，在允许建设区面积不改变的前提下，其空间布局形态可依程序进行调整，但不得突破建设用地扩展边界。

（3）区内村庄应限制新增规模，鼓励更新改造，逐步与城市功能相协调。

（4）规划期内建设用地扩展边界原则上不得调整。如需调整按规划修改处理，严格论证，报规划审批机关批准。

2. 二级生活空间管控区——城镇生活空间管制

（1）区内土地主导用途为城、镇、村或工矿建设发展空间，具体土地利用安排应与依法批准的城乡规划相协调。

（2）区内新增城乡建设用地受规划指标和年度计划指标约束，不得突破建设用地规模边界范围。

（3）规划期内建设用地规模边界原则上不得调整，如确需调整按规划修改处理，应严格论证并报规划审批机关批准。

（4）应统筹增量与存量用地，应积极鼓励引导盘活存量，促进土地节约集约利用。

3. 三级生活空间管控区——城镇和农村外生活空间管制

指分布于城镇开发区边界和农村建设用地外的生活空间区域，区内土地主导用途为交通、水利、特殊用地等，需要按照节约集约用地，集约高效使用土地，对闲置低效的区域及时进行整理，按照宜耕则耕、益林则林进行整治。

四、建设用地管制

主要为适应城乡建设发展的不确定性，在充分考虑城市发展趋势、空间拓展模式和主要发展方向，以此为标准划定东海县有条件建设区规模为 $188km^2$。该区域主要布局于牛山街道、石榴街道、白塔埠镇、青湖镇等镇，其他各镇均有分布。

管制规则如下。

一是区内土地符合规定的，可依程序办理建设用地审批手续，同时相应核减允许建设区用地规模。

二是规划实施过程中，在允许建设区面积不改变的前提下，其空间布局形态可依程序进行调整，但不得突破建设用地扩展边界。

三是区内村庄应限制新增规模，鼓励更新改造，逐步与城市功能相协调。

四是规划期内建设用地扩展边界原则上不得调整，如需调整需按规划修改处理，严格论证，再报规划审批部门批准。

第四节　国土空间利用

一、三线划定

（一）生态保护红线（生态空间管控）

生态保护红线划定是依法在重点生态功能区、生态环境敏感区和脆弱区等区域划定的严格管控边界，是国家和区域生态安全的底线。生态保护红线区对维系生态安全格局、维护生态系统功能、保障经济社会可持续发展具有重要作用。生态保护红线是生态环境安全的底线，目的是建立最为严格的生态保护制度，对生态功能保障、环境质量安全和自然资源利用等方面提出更高的监管要求，从而促进人口资源环境相平衡、经济社会生产效益相统一。江苏省生态空间管控区域规划确定的东海县生态空间保护区域个数 20 个，国家级生态保护红线及生态空间管控区面积达到 506.65km²，主要包括水源水质保护、洪水调蓄、水源涵养、湿地生态系统保护、自然与人文景观保护等。

（二）耕地保护红线

东海县共划定永久基本农田保护红线范围面积 108 100hm²，全县牛山街道、石榴街道、驼峰乡、白塔埠镇、黄川镇、石梁河镇、青湖镇、温泉镇、双店镇、李埝乡、山左口乡、桃林镇、洪庄镇、石湖乡、曲阳乡、安峰镇、房山镇、平明镇、张湾乡和东海农场等 2 个街道 17 个乡镇 1 个农场均有。划入"两区"的永久基本农田面积共计 79 756.3hm²，"两区"划定类型有 4 种：水稻功能区、小麦功能区、水稻小麦复种区和玉米功能区，其中水稻功能区面积 438.2hm²，小麦功能区面积 8 707.2hm²，水稻小麦复种区面积 63 729.9hm^2，玉米功能区面积 6 881.0hm^2。

（三）城镇开发边界红线

城市开发边界的划定工作，会同住建部门进行，以允许建设区和有条件建设区为基础，避让永久基本农田红线和生态保护红线，避开蓄滞洪区、地质灾害高危险地区等，根据规划用地安排，结合城镇用地实际，沿道路、河流隔离作用的标志物或行政界线为范围界限划定建设用地扩展边界。划定东海县城区北至 236 省道，南至连霍高速公路，西至峰泉公路，东至新 245 省道，规划面积约为 38km^2。

二、国土空间利用规划

1. 生态保护面积

按照江苏省生态管控区域规划成果，东海县生态管控区域面积共计 506.65km^2，规划期限内，维持现有生态保护面积不减少。

2. 耕地保有量

通过土地整治，全县可补充耕地的潜力面积为 5 557.9hm^2，其中农用地整理可补充耕地的潜力面积为 1 734.3hm^2、农村建设用地整理可补充耕地的潜力面积为 613.0hm^2、土地复垦可补充耕地的潜力面积为 1 520.5hm^2、宜耕后备土地资源开发可补充耕地的潜力面积为 1 690.0hm^2。规划到 2025 年，东海县拥有耕地 12.3 万 hm^2，占全县土地总面积的 60.15%，园地为 8 432.5hm^2，占全县土地总面积的 4.14%，林地为 2 697.5hm^2，占全县土地总面积的 1.32%。

3. 永久基本农田保护面积

东海县共划定永久基本农田保护红线范围面积 108 100hm^2，划入"粮食生产功能区和重要农产品生产保护区"的永久基本农田面积共计 79 756.3hm^2。

4. 建设用地总规模

通过土地整治，镇工矿建设用地整理潜力为 632.7hm^2，共 362 个地块。城镇村及工矿用地为 2.4 万 hm^2，占全县土地总面积的 11.71%。

第五节　国土空间发展布局

根据乡村振兴发展和国家主体功能区划要求，东海县未来按照"一核三轴六带三片区多节点"的总体布局，进行整体打造。"一核"即牛山街道东海县城市中心，为综合服务核；"三轴"即245省道城镇发展主轴以及峰泉路延长线、石平路沿线特色小城镇发展轴；"六带"即为石安运河水系生态带、蔷薇河水系生态带、淮沭新河水系生态带、鲁兰河水系生态带、龙良河水系生态带和西部丘陵岗地生态带；"三片区"即为峰泉路及其延长线特色产业与生态旅游发展片区、G310沿线高效设施农业集聚区与田园风光旅游片区、G30沿线稻麦标准化生产与休闲旅游产业片区；"多节点"为分布于东海县的多个国家级和省级农业产业园区、重点乡镇和重点村庄、重点生态斑块等。通过斑块、园区和重点村镇的建设，突出点、线、面的结合，将东海县打造为苏北鲁南、江苏乃至全国的乡村振兴示范样板。

一、峰泉路及其延长线特色产业与生态旅游发展片区

该区域主要分布在峰泉路及其延长线上，包括西部的五镇四乡，即曲阳、石湖、洪庄、桃林、山左口、双店、温泉、李埝、石梁河（原南辰区域）等乡镇，基本为东海县西部的丘陵岗地，是小麦、玉米、花生等粮食油料种植区，也是花卉、蓝莓、西红柿、核桃等特色农产品种植区，还拥有温泉旅游度假区、石湖生态园、青松岭森林公园、双店镇鲜切花基地、桃林乡村旅游区、洪庄镇果蔬产业园、山左口清泉河乡村旅游区等农业旅游示范点。未来桃林、李埝、温泉等为支点，加快发展农林文旅深度融合的旅游服务和市场物流、循环经济、交通运输、文化创意、金融商务等现代服务业。加快推进蔬菜、优质粮油、畜禽养殖的传统产业和食用菌、花木、水果、水产养殖等特色农业的产业化、规模化、品牌化、绿色化发展；重点保育生态敏感的西部丘陵、岗地地带，保护性开发利用风景旅游资源和历史文化资源，控制、引导西部丘陵岗地矿产资源开发。

二、G310沿线高效设施农业集聚区与田园风光旅游片区

该区域主要分布在G310沿线，主要包括一街道三镇一乡，即黄川、石梁河、青湖、横沟、石榴街道等乡镇，还有桃林、双店等部分区域，基本属于东海东北部区域，是水稻、小麦等粮食作物种植区，也是草莓、葡萄、梨等特色农产品种植区，更是水产养殖的主要区域，还拥有石梁河万亩葡萄观光基地、帕蒂亚葡萄庄园、黄川南湾生态草莓园等农业旅游示范点。实施"重点开发，区域保护"的方针，保护耕地资源，推进高标准农田建设，稳定粮食生产，加强农产品加工物流与农村电子商务产业发展，发展现代农

业，确保粮食安全和食品安全，是全县五大产业体系的主要推进区域，重点发展传统优质粮食、蔬菜、养殖产业发展，发展果业、花卉、水产等特色农业，加强水田林湖综合治理，并以此推进田园风光旅游带建设，推进城镇建设和一二三融合产业发展，积极发展农林文旅融合的旅游服务和交通信息、商贸物流、农业支撑服务及公共服务等现代服务业。

三、G30 沿线稻麦标准化生产与休闲旅游产业片区

该区域主要分布在 G30 沿线，主要包括一街道四镇二乡，即白塔埠、驼峰、牛山街道、张湾、平明、房山、安峰等乡镇，基本属于东海东南部区域，是水稻、小麦等粮食作物种植区，也是畜禽养殖的重要区域，更是小龙虾等特色产品生产区，还拥有湖西生态园、房山湖滨乡村旅游区、中国淮猪资源文化科普园、连云港传奇马术俱乐部等农业旅游示范点。实施"重点开发，区域保护"的方针，保护耕地资源，推进高标准农田建设，稳定粮食生产，加强农产品加工物流与农村电子商务产业发展，发展现代农业，确保粮食安全和食品安全，是全县五大产业体系的主要推进区域，重点发展传统优质粮食、养殖产业发展，发展水产、菜用瓜等特色农业，加强山水田林湖综合治理，并以此推进乡村休闲旅游带建设，推进城镇建设和一二三融合产业发展，积极发展农林文旅融合的旅游服务和交通信息、商贸物流、农业支撑服务及公共服务等现代服务业。

第五章　乡村产业发展模式

实现乡村产业兴旺是农民增收、生活富裕的需要，是建设美丽乡村、实现乡风文明的物质基础，也是乡村有效治理的重要保障。

第一节　产业、产品选择

面对国际国内中长期问题和挑战，更好地发挥东海"农业大县+人口大县"的双大规模融合优势，构建完整的内需循环体系，坚持以供给侧结构性改革为主线。乡村产业的选择应该以现有产业发展基础、产品独特性、市场前景、产业规模和辐射带动效应为考虑因素，按照"延长产业链，提升价值链，完善利益链"的原则进行确定。

根据东海县实际情况，结合连云港市现代农业产业布局，未来乡村产业重点发展五大板块，即休闲农业与乡村旅游、农产品加工与流通业、绿色种植养殖业（粮食产业、蔬菜产业、畜禽养殖产业、花卉产业、林果产业、水产养殖产业）、乡土特色产业和乡村新型服务业；在产品结构上，做实做强十大产品。在发展五大产业板块同时，要不断创新，支持新业态的发展。

一、休闲农业与乡村旅游

近年来，东海县休闲农业与乡村旅游产业发展很快，结合水晶产业的发展，形成较完备的休闲农业与乡村旅游产品体系，并不断优化和升级，这一产业发展前景广阔，是一个新兴的朝阳产业，应积极加以扶持和培育，发展成为东海县乡村振兴的主导产业。

二、农产品加工与流通业

农产品加工物流与电子商务产业是延长产业链、稳定种养产业发展和增加农业生产效益的重要途径，是产业融合的关键，是农业现代化的重要标志。东海县农产品加工物流业虽然已有一定规模，但总体规模小，带动能力不强等问题突出，未来应引导扶持，在做好初加工的同时，依靠科技进步，做好农产品深加工，提高农产品加工业在农业总产值中占比。

三、绿色种植养殖业

东海县粮食、蔬菜、畜禽、花卉、林果和水产养殖等产业，生产规模较大，区域分布范围相对广泛，对东海县农村经济发展具有较大的影响，是东海县乡村振兴发展的优势产业。

东海县 2018 年农作物总播种面积 204 200 hm^2，其中，粮食播种面积 161 100 hm^2，占总播种面积的 79.87%，粮食产量 116.3 万 t，历史角度看，东海县粮食产量一直居连云港市第 1 位，在江苏省范围内也一直保持在全省第 3 位或者第 4 位，在全国也名列前茅。把传统的粮食生产进一步发展成为粮食产业，符合东海县现实，更符合国家保障粮食安全的政策。

畜禽养殖是东海县农村的传统产业。2017 年肉类产量居连云港市第 1 位，全省前 15 名，东海老淮猪是国家地理标志保护产品。东海县农村过去的畜禽养殖基本上属于分散式小规模家庭经营。近年来，规模化畜禽养殖快速发展，目前已成为主要经营形式。没有畜牧业的发展，就没有现代农业的高效增长，进一步把畜禽养殖发展成为畜禽产业，形成产业链，由畜禽养殖到集中屠宰，再到产品包装和加工，到市场开拓，成为东海县重要的乡村产业，对促进农村经济增长将具有重要作用。

蔬菜种植在东海县已有相当长的历史，目前东海县年播种面积 3.3 万 hm^2 左右。进一步把蔬菜产业做强、做大，延长蔬菜产业链，发展蔬菜包装、加工、运输、出口贸易，建成东海县乡村振兴的主导产业，是菜篮子工程的重要产业。

东海县花卉产业虽然是近十几年才发展起来的，但发展起点高，花卉产量、质量、艺术品位和产品档次均有较高知名度，尤其是双店百合更是国家地理标志保护产品。东海县现有花卉种植面积 2 000hm^2 以上。积极发展花卉产业，形成特色产业，是东海县乡村产业发展的重要组成部分。

林果产业是东海县的传统地方特色产业，也是一个充满较大潜力的开发领域。目前，石梁河葡萄已成为国家地理标志保护产品，具有一定知名度，市场前景广阔。因此，把传统的林果生产发展成为集林果种植、果品加工和市场营销于一体的果品产业，扩大林果种植规模，形成专业化商品生产，发展果品加工业、仓储运输业、市场营销业和与之相关的休闲旅游产业，是东海县乡村振兴的需要。

东海县共有大中小型水库 72 座,库容 8.9 亿 m³,有新沭河、淮沭新河、蔷薇河、鲁兰河、石安河、龙梁河等 16 条干支河流,水域面积 324.3 km²,另每年还有 65 000 hm² 的水稻种植面积,纵横的河流及辽阔的水域,为水产养殖产业的发展提供了良好条件。水产养殖已具有一定规模,2018 年全县水产养殖面积为 3 860 hm²,水产品总产量 6.84 万 t。但总体上看,水产品市场前景良好,发展潜力较大,对农民增收有重要的作用。经过集约化发展和品种优化推进,发展水产养殖产业将能成为东海县农村经济重要的经济增长点。

四、乡土特色产业和以信息产业为主的新型服务业

随着科学技术进步、社会发展、社会分化日益显著,小众类、多样性、特殊类的产品、服务在未来乡村发展中需求越来越旺盛,在产业中占比越来越高。发展乡土特色产业和以信息产业为主的乡村新型服务业将成为推动东海产业兴旺、满足人民对美好生活需求的新业态、新模式。

五、特色产品选择

为集中打造东海县农产品品牌,从五大产业板块中再进一步筛选出具有一定规模、一定知名度和具有市场竞争力的农产品加以重点培育。共选出东海粮油(优质粮油)、东海老淮猪(优质生猪)、优质家禽(徐海鸡)、东海(石梁河)葡萄、东海(黄川)草莓、东海(双店)鲜切花、东海西红柿、东海食用菌、东海柳编和东海水晶 10 个特色产品。

第二节　优化产业布局

东海县乡村产业发展的区域布局主要是取决于各乡镇的资源潜力、生产基础、区域优势、市场发展、农民自我发展能力等多种因素。具体而言,这些因素在各乡镇差异较大。尤其是区域位置条件,从而决定了各乡村产业在区域布局上的差异。拟规划形成"三带"为主,辅以现代产业园、新型经营主体、示范基地多点支撑的"三带多点"产业发展格局。

一、三大乡村振兴产业带

根据交通情况、地形地貌、产业基础等,东海县乡村产业重点发展三大

产业带，即峰泉路—龙良河沿线特色产业+生态旅游发展带、北部 G310 沿线高效设施农业集聚区+田园风光旅游带、南部 G30 沿线稻麦标准化产业带+休闲旅游。峰泉路—龙良河沿线特色产业带集中发展葡萄、草莓、蓝莓、功能稻米产业、水产养殖业以及休闲农业。中部 G310 沿线高效设施农业集聚区集中发展设施蔬菜、花卉、生猪、稻麦等产业及以此为基础打造田园风光综合旅游带。南部 G30 沿线稻麦标准化产业带重点发展稻麦标准化种植、稻渔生态种养殖并依托稻鱼生态种养殖资源着重发展休闲农业。

二、多个乡村振兴产业示范园（点）

结合东海县第一产业发展情况，围绕粮油、蔬菜、畜禽、果业、花卉等产业合理布局农产品烘干、贮藏与加工、流通等企业，加大农产品精深加工企业招商和培育力度，形成 8~10 个产业集群，加快形成全产业链模式。培育形成 6 个农产品加工强镇，4 个农产品物流中心。

结合东海县林业资源、水利资源、温泉资源等，打造田园综合体项目，融入农业主题公园、乡村精品民宿、健康养老等项目，实现生产、娱乐、住宿一体化。重点建设双店鲜切花电商小镇、石梁河葡萄文旅小镇、平明"味稻"小镇、李埝森林小镇、曲阳渔业小镇等。

依托粮食产业、蔬菜产业、畜禽养殖产业、花卉产业、林果产业、水产养殖产业等产业，打造现代农业产业园、现代农业示范区、现代农业科技园区、田园综合体等。

第三节　产业和生产体系建设

一、休闲农业与乡村旅游发展

近年来，随着我国经济的快速发展，人均收入增加，群众旅游需求逐渐旺盛，东海县重点围绕"石（晶）、湖、山、井、泉"发展旅游业，取得较好成绩，被评为全国全域旅游示范区，2017 年，接待国内外旅游人次达到616.2 万人次，实现旅游总收入 61.5 亿元，较 2016 年增长 5.7%。东海县2017 年人均 GDP 超过 7 000 美元，旅游市场逐渐从观光旅游向休闲度假旅游转变。截至目前，东海县拥有全国农业旅游示范点 4 家（温泉旅游度假区、石梁河万亩葡萄观光基地、石湖生态园、青松岭森林公园）；省五星级乡村旅游区 1 家（青松岭森林公园），省四星级乡村旅游区 4 家（帕蒂亚葡萄庄园、石梁河万亩葡萄观光基地、温泉乡村旅游区、双店镇鲜切花基地），其他星级乡村旅游区9家（湖西生态园、黄川南湾生态草莓园、桃林乡村旅游区、房山湖滨乡村旅游区、中国淮猪资源文化科普园、桃林黑龙潭景区、洪庄镇果蔬产业园、山左口清泉河乡村旅游区、连云港传奇马术俱乐部等），省特色景观旅游名镇名村2家，举办了黄川草莓节、石梁河葡萄节、李埝槐花节、羽山樱桃采摘节、西双湖百合节等特色乡村旅游节庆活动。但是东海县休闲农业与乡村旅游产业还存在以下几个问题：一是各乡镇间休闲农业与乡村旅游发展不均衡，差异较为悬殊；二是吃、住、行、游、购、娱等基础设施配套不完善、甚至落后；三是乡村旅游产品形式较为单一，"旅游+产业"融合发展水平有待进一步提高；四是休闲农业与乡村旅游产业对农民增收致富的支柱作用还存在差距。

（一）发展思路

在已有的"石（晶）、湖、山、井、泉"五大旅游要素的基础上，结合休闲农业与乡村旅游再增加"村、花、画"乡村旅游资源要素，在产业融合发展上，加快"旅游+种植业""旅游+养殖业""旅游+林业""旅游+乡村文化民俗"，促进"旅游+康养寿养医养""旅游+水利"新业态发展；完善休闲农业与乡村旅游基础设施，建成一批结构合理、功能完善的旅游公共服务设施，改善旅游综合环境；加快休闲农业与乡村旅游产品开发。

（二）发展目标

依托全国全域旅游示范区的基础，以建成全国休闲农业与乡村旅游目的地为目标，着力打造"四季花海、乡村漫步、科技旅游、自然休闲"4个品牌，重点建设和提升青松岭森林公园、石梁河万亩葡萄观光基地、温泉乡村旅游区、双店镇鲜切花基地、帕蒂亚葡萄庄园、中国淮猪资源文化科普园、桃林乡村旅游区、黄川镇"莓好世界"草莓采摘园、曲阳万亩现代渔业产业园、石梁河水库现代渔业产业园、七彩田园农业风情旅游区、白塔埠传奇马术俱乐部、海陵湖湿地风景区、石湖生态风景区、黑龙潭生态文化旅游区、安峰山自然生态旅游区、圣地湖生态风景旅游区、晚秋黄梨休闲采摘园、大石埠湿地旅游风景区、羽山生态旅游区、海陵趣味渔乐大世界、李埝森林旅游度假区、曲阳现代渔业小镇、双店鲜切花芳香小镇、白塔埠农商物流小镇、平明稻香小镇、桃林酒都小镇、石梁河葡萄文旅小镇、古色大贤庄示范村、绿色陈山示范村、彩色尤塘示范村、蓝色山庄示范村、曲阳水美乡村、桃林农业科技示范村等文农林旅融合发展示范区，加快完善峰泉沿线、G310和连徐高速公路3条农旅融合发展示范带。2022年，全县建成休闲农业与乡村旅游点 50 个以上，农业主题公园达到 2 个以上，休闲农业与乡村旅游专业村达到 10 个以上，计划建设森林、湖泊康养医养寿养基地 6 个以上，全面推动休闲农业与乡村旅游实现全域发展，农民受益面达到 45% 以上，年接待游客 400 万人次以上，从业人员中农民就业比例达到 65% 以上，实现休闲农业与乡村旅游年收入 30 亿元以上。

（三）规划布局

东海县休闲农业和乡村旅游发展布局立足于乡村旅游资源分布情况，根据不同乡村旅游资源的特点、数量、规模和在全省、全市范围内的稀缺程度，分 3 带进行休闲农业与乡村旅游发展区域布局。

峰泉路—龙良河沿线农旅融合发展示范带是指山左口—李埝乡（李埝林场）—双店—温泉—石湖—曲阳—安峰旅游发展带，集中了东海旅游的重要资源，目前主要包括青松岭森林公园、温泉乡村旅游区、双店镇鲜切花基地、羽山生态旅游区、李埝森林旅游度假区、黑龙潭生态文化旅游区、曲阳现代渔业小镇、双店鲜切花芳香小镇、曲阳水美乡村、温泉镇旅游度假区、古色大贤庄示范村、绿色陈山示范村、彩色尤塘示范村等。

G310 农旅融合发展示范带是指黄川—石梁河—青湖—温泉—双店—桃林旅游发展带，目前集中的休闲农业与乡村旅游资源有帕蒂亚葡萄庄园、桃林乡村旅游区、黄川镇"莓好世界"草莓采摘园、海陵湖湿地风景区、晚秋黄梨休闲采摘园、海陵趣味渔乐大世界、桃林酒都小镇、石梁河葡萄文旅小镇、桃林农业科技示范区等。

连徐高速公路农旅融合发展示范带是指张湾—白塔埠—驼峰—平明—种猪场—房山—安峰旅游发展带，目前集中的休闲农业与乡村旅游资源有：中国淮猪资源文化科普园、七彩田园农业风情旅游区、白塔埠传奇马术俱乐部、石湖生态风景区、安峰山自然生态旅游区、圣地湖生态风景旅游区、大石埠湿地旅游风景区、白塔埠农商物流小镇、平明稻香小镇、蓝色山庄示范村等。

（四）重点建设工程

东海县休闲农业与乡村旅游发展将重点进行农业科技示范与观光农业开发（农业主题公园打造）、休闲度假区（村）建设、自然资源景观开发等。通过这些项目建设，加快推进东海县休闲农业与乡村旅游业发展，形成东海县农村经济的增长点。

1. 农业产业发展与休闲农业开发

石梁河镇、黄川镇、双店镇、青湖镇、驼峰乡、石榴镇等乡镇旅游+果园、旅游+蔬菜、旅游+花卉、旅游+养殖（畜禽、水产）已经初步实现了融合发展。在现有基础上，未来继续开展以下工作。

（1）创建农业公园促进休闲农业和乡村旅游发展。以现代农业示范区、农业产业化示范基地、示范性家庭农场、农产品地理标志（省级、国家级）等创建称号为抓手，积极引导"农旅结合"发展，以充分释放农业生产场景、活动和产品的旅游价值，不断推出一系列新的农旅结合示范点。

（2）特色主题农庄建设促进休闲农业和乡村旅游发展。引进景观效果好，综合效益高，旅游吸引力大的"名、优、特、新"农产品，作为旅游的核心吸引物，注重农产品的品牌化，农业旅游资源的特色化，农业生产的集约化，结合特色民宿，发展"产业+民宿"一站式农业旅游目的地。强调在园区规划设计时，就注意与旅游相结合，融入旅游设计。

2. 发展森林康养产业

依托东海现有林业资源以及结合生态建设的契机，促进全县域造林绿化提质增效，不断完善"绿色全域化"，抓住大力推进森林康养产业发展的机遇，结合康养林营建、康养基地建设、康养步道建设、康养市场主体培育、康养产品与品牌建设、康养文化体系建设，积极主动地引导和推动森林旅游从以观光游览为主向观光游览与森林体验、森林养生、森林康养、文化教育、体育运动等多业态并重转变。规划以李埝林场、青松岭森林公园、羽山林场、马陵山林场等为主，建设4个具有康养医养寿养功能的森林小镇。

3. 建设生态旅游度假区

东海县拥有大量的水利水利工程旅游资源，这些既具观赏价值又有教育价值的水利工程，风景优美，内涵丰富，是市民和游客参观、游览和休闲的好去处，是未来休闲农业和乡村旅游发展的重点所在。分别以西双湖、圣地湖、海陵湖、安峰水库、房山水库等众多水库等为核心打造湿地生态旅游度假区，建设生态滨水休闲度假基地、滨湖生态度假区、水上观光摄影主题区、观鸟摄影基地、垂钓基地、水上训练基地等，建设2个具有康养医养寿养功能的湖滨小镇。以石安河、龙良河、蔷薇河等众多河流河堤绿化、硬化为基础，沟通主要休闲农业与乡村旅游景点，并在沿途建设休闲观光点、垂钓点、养生自行车道、体育赛道（石安河河堤长度满足全程马拉松赛事要求）等。

4. 村镇旅游开发以及农业创意产业园建设

东海县著名的古遗址有曲阳古城、尹湾汉墓、大贤庄遗址等，积极开发这些古遗址，对于寻古追源的游客来说仍然有强大的吸引力。结合社会主义新农村建设，依据村庄靠山、靠水、靠路、靠城、靠产业、靠文化等特点，建设特色各异的休闲农业与乡村旅游示范村 20 个，其中包括苏北地区农业农村风情展示村落 2 个。选择交通便利、环境幽雅等特色村庄，提升现有水、电、路、气、网、消防、通信、后勤服务等基础设施水平，吸引江苏省乃至全国的艺术设计、回乡大学生及返乡人员等各领域人才到东海县乡村进行科技创新、休闲度假、创业等，争取建设 2 个农业农村部、江苏省农业创新创意产业园区。

5. 生态农产品旅游商品化开发

依托东海县丰富的农副产品及良好的生态资源，与食品加工制造业、酒品加工制造业、花卉加工制造业、文化产业相结合，生产以下商品。

（1）可带回吃。有机大米，石梁河葡萄、黄川草莓、大稠甜瓜、西芹等绿色蔬果，桃林烧鸡、温泉草鸡蛋、李埝林场槐花蜜、东海老淮猪肉等农副产品。

（2）可带回看。苗木盆景、精品花卉、儿童版画、青湖草编工艺品等。

（3）可带回玩。干花制品等。

（4）可带回用。香薰制品、青湖草编工艺品等。在包装上、标识上充分体现东海县特色。

6. 东海县休闲农业与乡村旅游集散中心建设（东海县全域旅游集散中心）

充分依托东海县水晶文化品牌优势，在水晶城基础上建设旅游集散中心、数据中心（一级中心），为来东海县旅游的游客提供咨询、票务等各方面的信息服务。同时，依托重点项目，按照交通最优化、区域集散中心化的原则，建设东海温泉度假小镇旅游咨询服务中心、双店鲜切花芳香小镇旅游咨询服务中心、曲阳现代渔业小镇旅游咨询服务中心（二级中心）。还将在羽山生态休闲旅游区、西双湖风景旅游区等旅游景点建设三级旅游服务站。

7. 休闲农业与乡村旅游精品线路打造

根据东海休闲农业与乡村旅游资源特点，并结合全域旅游资源，重点打造以温泉森林度假、滨湖湿地生态游、花香酒韵体验游、七彩田园农趣游及乡村历史文化游等多条休闲精品旅游线路。

（1）温泉森林度假游。东海全域旅游集散中心—东海古城文化遗址园—东海温泉度假小镇—羽山生态休闲旅游区—美丽乡村之绿色陈山示范村—李埝森林旅游度假区。

（2）滨湖湿地生态游。东海全域旅游集散中心—圣地湖生态旅游风景区—西双湖风景旅游区—美丽乡村之彩色尤塘示范村—草莓生态休闲农庄—石湖生态风景区—大石埠湿地旅游风景区—万亩核桃养生休闲园—黑龙潭生态文化旅游区。

（3）花香酒韵体验游。东海全域旅游集散中心—双店鲜切花芳香小镇—美丽乡村之古色大贤庄示范村—桃林蔬果文化博览园—桃林酒都小镇。

（4）七彩田园农趣游。东海全域旅游集散中心—曲阳现代渔业小镇—中国淮猪文化休闲农趣园—白塔埠农商物流小镇—七彩田园农业风情旅游区—传奇马术运动俱乐部—驼峰鲜切花休闲观光园—黄川莓好田园生态农庄—黄川特色工业旅游小镇—石梁河葡萄文旅小镇—海陵趣味渔乐大世界—晚秋黄梨休闲采摘园。

（5）历史科普教育游。东海全域旅游集散中心—曲阳历史文化研究中心—国家地质文化公园（亚洲第一井）—宗教文化生态园—美丽乡村之蓝色山庄示范村—安峰山自然生态旅游区—朱自清文化故居。

统一规划设计乡道级别以上公路的绿化树种，不断扩大东海县休闲农业与乡村旅游景点及线路的知名度，提高社会对东海县乡村旅游的知晓度。

8. 提升休闲农业与乡村旅游服务硬件水平

有效整合农村建设项目，按照全域旅游规划，着力改善休闲农业与乡村旅游点水、电、路、通信等基础设施；加强农村面源污染防治工作，大力整治村容镇貌，推进旅游村镇、街道的硬化、绿化和亮化工作；规范全县旅游标牌、标识设置；加快特色餐饮、农村集市、乡村酒店等配套服务设施建设，努力提高休闲农业与乡村旅游的吸引力与舒适性。

9. 提升休闲农业与乡村旅游从业者素质，加强人才培育

利用新型职业农民培训，力争建设一支精于管理、善于经营的休闲农业与乡村旅游管理队伍，建设一支熟悉东海县本地特色的休闲农业与乡村旅游导游队伍，建设一支素质较高、服务优良的休闲农业与乡村旅游从业人员队伍。重点开展对休闲农业与乡村旅游发展带头人、经营户和专业技术人员的培训。

10. 智慧乡村旅游建设

应用现代科技成果，建设东海县智慧旅游数字化管理信息平台（微信、旅游网络服务和旅游查询服务平台），为游客提供旅游信息咨询，向外宣传推广东海县旅游资源。未来将休闲农业与乡村旅游所有已建景区和新建景区全部建设成数字信息化景区，实现管理部门与景区视频在线传输，智能对接，实现智能化监控。并将景区纳入统一信息化监管，实现旅游相关企业、行业数据的及时上传、旅游公共服务信息的发布，实现基于旅游行业运行数据及相关行业的共享数据的实时有效调度，基本实现旅游行业的智慧管理及智慧服务，保障旅游行业健康、有序发展。

二、现代农产品加工与流通业

农产品加工与流通业是乡村产业的重要组成部分，它不仅延长了农业产业链，而且还能保障乡村产业的稳定发展。总体上看，东海县农产品与流通产业具有良好的基础，2018 年，东海县拥有规模食品加工业企业 39 家，实现工业产值 25.5 亿元，占县规模工业比例 11.8%，小麦粉产量 54.07 万 t，大米产量 93.78 万 t，食用植物油 5.7 万 t，但产业生产水平和科技含量不高，农产品初加工与精深加工并存，精深加工能力有待提高；有一部分实力稍强的龙头企业，但带动乡村产业发展的能力还有限，担不起建设全产业链产业集群的重担；建设了一批农产品流通市场，但这些流通市场与一般集市贸易市场没有本质区别，市场营销能力较弱，影响东海县农产品在市场中的地位和份额，直接体现农产品竞争力不足。

（一）发展思路

按照"整体规划、滚动开发、稳步推进"的发展思路，依托东海县以及周边丰富的农产品资源，围绕粮油、蔬菜、林果、畜禽等产业，实施加工销售带动战略，以加工销售带动高效种植、养殖园区、基地的建设，实施产地初加工和精、深加工相结合，以白龙马面业、东海果汁、汇祥食品、如意情蘑菇、越秀食品、乐康食品、恒益食品、中澳达博进境牛肉、天邦米业、东宝公司、云香公司、润涛粮油、天谷米业等龙头企业为依托，积极引进国内外知名加工型企业，打造东海县的加工增值高地。

在政府的宏观调控和扶持下，基本建立起以现代物流、农产品配送、电子商务等现代市场流通方式为主导，以批发市场为中心，以集贸市场、零售经营门店等为基础，布局合理、结构优化、功能完备、制度完善，有较高现代化水平、开放、竞争、有序的农产品物流体系。

（二）发展目标

积极引进和培育农产品加工物流与农村电子商务流通企业，鼓励、扶持建设包括农产品加工、包装、冷藏、运输、电子商务为一体的现代加工与物流体系。开展品牌营销，加大品牌宣传和推介力度。加强信息服务，逐步建立联通全国，走向世界的农产品连锁配送体系和电子商务网络，减少农产品流通环节，降低农产品流通成本，发展从农田到餐桌的鲜活农产品现代加工与物流体系。建设与东海县乡村振兴相协调的农产品加工物流业与农村电子商务体系，着力将东海县打造成苏北鲁南农产品加工物流中心，积极对接连云港市、徐州市和临沂市等国家物流枢纽承载城市。

一是提升优质农产品加工能力，开发生产优质有机稻米、有机面粉、有机食用油等；实施优质功能性蔬菜外向型加工，提升东海县蔬菜的知名度；发展以草莓、黑莓、葡萄等为主的特色水果的保鲜、包装、精深加工；发展东海老淮猪、苏北毛驴、徐海鸡等为主特色养殖的肉冷链保鲜、皮毛深加工、肉制品深加工和鲜活畜禽运输以及水产品加工业，抓好水产养殖的冷链物流和鲜活鱼运输。

二是重点扶持 20 家科技型龙头加工企业和培育 5 家特色鲜明、具有潜力与优势的中小型科技龙头加工企业。打造东海大米、东海老淮猪、东海徐海鸡等一批在全国全省有一定影响的农产品品牌，鼓励支持龙头企业争创国家地理标志保护；创中国驰名商标 1 个，江苏省著名商标 5 个，知名品牌 10 个。

（三）规划布局

根据东海县便捷的铁路、公路运输条件，结合种养产业园区、基地的发展格局，发展农产品加工、包装、仓储、运输和第三方物流，规划形成以 6 个农产品加工园区、4 个物流园区和全域农产品电子商务为主，多个加工物流节点为辅的农产品加工物流空间分布体系。

6 个农产品加工园区分别为平明工业集中区、安峰工业集中区、山左口工业集中区、南辰工业集中区、黄川工业集中区和东海县农业高新技术园区。各个农产品加工销售基地重点依托周边农产品、生态产品优势，积极发展农产品深加工、销售，积极扶持和培育一批农产品生产销售企业，提高农业和农产品附加值。

4 个物流园区分别为桃林物流园区、青湖物流园区、房山物流园区和白塔埠物流园区，年销售过 5 亿元以上。桃林物流园区依托当地较发达的农副产品加工、汽车配件等工业部门建设，辐射范围可以包括桃林、洪庄、石埠、山左口、李埝乡等地，向外辐射到新沂市、山东郯城等区域。青湖依托当地的农副产品，人口优势以及便捷的交通优势建设，辐射范围包括青湖、南辰、石梁河、黄川、横沟等乡镇乃至鲁南地区。房山依托当地的农副产品生产和交通优势建设，辐射范围包括平明、张湾地区，向南辐射宿迁市等。白塔埠依托当地的农副产品，拥有靠近机场、铁路、高速公路和省道等优势，辐射范围包括白塔埠、驼峰、平明、张湾、黄川等乡镇以及向东辐射连云港市区。

其余农产品加工物流节点主要根据县域农产品分布特点，在相对集中产区进行点状布置，就地消化或者进行初加工，可直接销售也可以作为加工物流园区的转运站。

（四）重点建设工程

按照建好"苏北鲁南农产品集散中心"和做好"四进"（进大都市、进大商场、进大超市和进大会场）的总体要求。重点建设农产品加工销售园区、农产品物流园区和农产品电子商务体系。

1. 农产品加工销售园区建设

（1）加工销售园区建设。一般包括以下几个区。①熏蒸处理区。用于防止检疫性有害生物传入传出熏蒸处理。②清洗和清理区。用于对蔬菜、水果、鱼禽肉等的清洗整理。③分拣区。用于对农产品进行分拣。④包装区。用于各种目的农产品包装。⑤加工区。综合利用东海县所生产的特色"三证"农产品，承担农产品加工和运输包装、配送包装等职能。以绿色精品包装为重点的优质有机稻米、食用菌加工，以净菜、粗加工为主的大田蔬菜和山野菜加工；以鲜榨、保鲜为主的果业加工；以屠宰、排酸、保鲜、皮毛加工为主的畜禽产品加工。引进扶持一批大型农产品加工企业，做到质量等级化、重量标准化、包装规范化。

（2）基础设施建设。完善农产品加工销售基地的道路、水、电力、网络、消防、环境保护设施等建设。

（3）培育全产业链企业集群，推进融合发展。强化不同类型企业和组织间的利益联结，将农产品加工销售园区作为企业间优势互补、抱团发展的有效载体。通过研究开发、品牌联盟、市场共享、资本联盟等方式，建立利益和责任共同体，打造产业战略同盟。积极培育农业产业化联合体，串联产前、产中、产后各生产环节，推广"企业+合作社+基地"模式，覆盖从原料基地到加工、流通各产业，推进产业融合发展，在农产品加工销售基地建设全产业链企业集群。

（4）强化科技支撑，实施创新驱动。鼓励农产品加工销售园区联合龙头企业、农民合作社、涉农院校和科研院所成立产业技术创新战略联盟，通过共同研发、科技成果产业化等方式，实现信息互通、优势互补。力争在重大关键技术装备创新推广转化上取得新突破，在体制机制创新和人才队伍建设上取得新进展，在自主创新能力建设上取得新提升。支持具备条件的园区争创国家、省级科技园区（高新技术园区）。

2. 农产品物流规划

从现代农产品物流产业发展的角度，重点建设内容包括物流仓储和展示交易，运输配送和综合配套服务。重点加强七大能力培育：货物运输能力、仓储保管能力、搬运装卸能力、加工包装能力、网络覆盖能力、开发创新能力。

(1) 物流仓储区。主要建设物流储藏设施，一般包括以下几个库。①低温冷库。库温-25～-20℃（J级）。用于冷冻畜禽肉、水产等。②冷藏库。库温-18～-15℃（D级）。建在冷藏农产品精深加工工厂、食品流通物流仓库和冷冻食品工厂。③保鲜冷库。库温0～5℃（L级）。用于果蔬、鲜类、鱼类等的保鲜，使物品保持较低的温度，而温度一般又不低于0℃。④气调冷库。用于水果、蔬菜、水产、畜禽类的储藏。⑤恒温库。能够调节温度、湿度，温度一般保持在10～20℃。用于水果、蔬菜、水产品、畜禽类农产品的恒温储存。

(2) 展示交易区。根据物流中心的主要功能划分，一般包括以下几个区。①粮油副食交易区。用于粮油、干货、淀粉、调味品等产品交易。②蔬菜交易区。配备有蔬菜喷淋系统、冷藏展示柜等，可以减少蔬菜30%～50%的损耗，保鲜、保质，延长销售时间，增加销售量。③水果交易区。交易大厅设冷藏保鲜展示柜。④畜禽肉类交易区。主要用于家禽、家畜肉类、水产类集中交易。由于畜禽交易区需要经常进行消毒，交易区设计为隔离封闭型。

(3) 运输配送区。利用网络技术，合理的对整个配送过程提供收货、提货、仓储、配货、补货、运输车辆的管理，使供应商与客户建立快速供给关系，结为利益共同体。通过对配送的统一管理，将使在乱繁琐的日常业务科学化、计划化。一般包括以下几个区。①进货区。用于从货物运达到入库前所要进行的卸货、验收、计量、入库、检验检疫等相关前期作业的办理区。②理货区。用于货物按发货的先后顺序进行拣选、整理、加工和保管，以适合客户订货的要求，并力求存货水平最低。③配装区。用于分拣和组配后货物检验计量、装车等场地。④逆向物流作业区。用于外来原料运输和对流通过程中产生的退货、瑕疵品和可循环利用废品的回收、处理和存储作业区。⑤辅助作业区。主要用于配合配送作业所必需的能源动力、安全、消防、设备以及车辆停放等功能的场所。

(4) 综合配套服务区。用于建设农产品加工物流园区餐饮、住宿、日用消费品零售超市、金融、税务、工商、检验检疫、报关、报检、商务综合咨询服务、垃圾处理以及车辆停放等场所。一般包括以下几个区。①行政管理区。为进入物流园区的客户提供各项行政管理服务，包括项目审批、政策推行、招商引资、信息发布、检验检疫、工商、税务、保险、银行、海关、后勤等政府管理服务。②市政设施区。变配电房及无塔上水器房，消防蓄水池，污水处理池，垃圾站，公共卫生间等。③生活服务区。为进入物流园区的商户和第三方物流提供车辆停放、维修、加油、食宿、休闲、间歇等综合服务。④综合管理系统。不仅考虑了人力资源管理，而且还包括监控系统、自动报警系统、广播系统及会议系统、车辆管理系统、门禁系统、客户服务中心及农产品信息电话自助查询系统、内部通信系统。

（5）农产品质量追溯系统。应用条码、RFID（无线射频识别）、"3S"、物联网、区块链等技术，对农产品进行跟踪和溯源，消费者和商家可查询农产品的产地、来源及质量安全问题。

三、绿色种植养殖产业发展

具体包括粮食产业、蔬菜（含食用菌）产业、畜禽绿色养殖产业、特色花卉产业、林果产业以及水产养殖产业。

（一）粮食产业

粮食是关系国家安全和社会稳定的重要战略物资，东海县具有良好生产条件和发展基础，2017 年粮食播种面积 162 460hm²，总产 116.63 万 t，其中小麦播种面积 78 080hm²，总产 46.40 万 t，水稻播种面积 64 940hm²，总产 57.69 万 t，玉米播种面积 16 910hm²，总产 11.12 万 t，培育出国家地理标志保护产品"东海大米"，培育出粮食种植家庭农场 295 家、粮食种植专业合作社 236 家，农机服务合作社 308 家。但是东海县粮食生产与全国其他地区一样，面临着种粮比较经济效益低下、规模化生产有待进一步提高等问题；另外，东海虽作为全国产粮大县，但是水稻、小麦等种业创新能力不够。东海县粮食产业创新发展理念、转变发展模式，把粮食作为一个产业来经营。发展要在稳定粮油种植规模的基础上，以市场为导向，农民增收、农业增效为目标，增加科技投入，提高单产水平，调整品种结构，重点发展优质稻和优质麦生产，构建稻麦、麦玉轮作发展模式，切实推进布局区域化、种植规模化、生产无害化，大力发展加工企业，构建粮食生产全产业链企业集群，创建中国好粮油行动计划示范县，打响东海县绿色优质粮食品牌。

1. 发展思路

稳定粮食种植规模，增加科技投入，提高单产水平。切实抓好粮食生产科技队伍建设，建立健全产业发展的科教服务体系，多渠道加强从业者的技术培训，加速新技术、新品种、新设备的推广应用。

调整粮食品种结构，重点发展优质稻米和优质小麦生产。东海县粮食作物中，稻米和小麦具有比较优势。应该集中数个适销对路的优质稻和优质小麦品种进行连片种植，做到区域生产、规模经营，形成规模和产业优势，提高东海县的粮食竞争能力，促进农民增产增收。

注重品牌建设，着力打造东海县优质粮食品牌。好的粮食品牌能够带来好的市场效益，更能展现一个地方农业产业的形象和特色。要选择口感好、营养丰富的优质稻、优质小麦进行种植，生产满足消费者需求、开创市场空间的优质粮食，这需要东海县政府及相关部门积极参与，引导调整粮食品种结构，推广绿色种植技术，实行标准化生产，生产出具有品牌优势的优质粮食。

2. 发展目标

建设国标三级米以上绿色优质稻米生产基地 65 000hm²，打造"东海大米"品牌，使东海县绿色（有机）稻米走向全国、成为全国的"绿色稻米之乡"。建设绿色优质小麦生产基地 75 000hm²（其中 65 000hm² 与水稻重合，即稻麦两熟），使东海县绿色（有机）小麦走向全国。保障东海粮食产量稳居全省前 2 位，全国前 20 位，为国家粮食安全做出较大贡献。

3. 规划布局

重点发展石榴、白塔埠、黄川、石梁河、青湖、温泉、安峰、房山、平明、驼峰、曲阳、张湾等乡镇优质米生产，规划至 2022 年达到 65 000hm²。建设优质小麦基地 75 000hm²，考虑到东海县稻茬麦面积占小麦播种面积65%左右，在优质水稻生产基地基础上，增加牛山、双店、桃林、洪庄、李埝、石湖等乡镇。

4. 重点建设工程

（1）参照国家、省级现代农业产业体系专家团队的建设思路，引进区域外专家及整合东海县专家相结合，建设东海县粮食产业体系专家团队 2 个（水稻、小麦），团队专家包括育种、栽培、病虫害、施肥、土壤保护、机械化、智能化、贮藏与加工、产业经济、试验示范基地等，全方位为粮食产业发展保驾护航。

（2）粮食优质良种选育及绿色高效技术集成基地建设。粮食产业发展离不开优良品种，东海县应加强粮食新品种引进筛选示范工作，促进粮食育、繁、推一体化进程。根据各个乡镇、园区的主要栽培品种，引进水稻、小麦、玉米等新品种，进行新品种筛选试验，通过对产量、品质、抗病性、市场认可度等综合因素考察，选择适宜东海县种植的新品种5~10个，研究并不断完善筛选出的粮食新品种相配套的高效栽培技术，①低蛋白、低磷功能稻米 Z-1 新品种配套栽培技术。与中国农业科学院合作，建立东海县生态米种植生产基地，集成生态米优质高产高效安全生产与加工技术体系，制定生态稻米质量安全生产技术规程。②集成东海地理标志优质稻米产业化技术。优质粳稻新品种引进筛选、无公害栽培技术和机械化栽插技术，制定东海县优质稻米生产技术规程。③从稻麦周年栽培的品种搭配、茬口衔接、栽培方式、肥料使用、农药使用、水浆管理等方面研究集成稻麦周年绿色增产模式技术。④依据土壤、气候等生态条件，筛选出适宜本地区稻茬种植的优质中强筋小麦新品种，开展主推品种配套栽培技术研究。

同时，由于东海县地处我国南北分界线，气候独特，应制定政策，鼓励农技推广人员、科研人员和合作社、家庭农场开展粮食品种的培育以及相配套的高效栽培技术研究。

（3）优质粮食标准化、机械化生产基地。东海县目前还是以小农户规模经营为主，品种混杂，稻麦品质参差不齐，通过建设优质粮食基地，选择需要的优质品种在基地上种植，并实施标准化的生产管理和产后储藏技术，就可获得高质量的优质稻麦原料，全面提高东海县粮食品质。拟建设高产优质粮食种植基地 100 万亩。

（4）"三品一标"种植基地。东海县是水稻小麦适宜种植区，在抓好优质稻麦生产基地的同时，要大力推广"三品一标"种植基地建设，购置粮食品质检验检测设备，种子加工设备，全程采用绿色水稻标准化生产流程，基地建设面积要达到80万亩。

（5）循环生产示范基地。发展稻田养殖产业，如稻田养鸭、养鱼、养虾，综合利用稻田，大力发展种养结合循环农业，形成优势特色产业。研究水稻、小麦高留茬技术，小麦秸秆还田和水稻稻草部分还田技术，基本解决秸秆焚烧问题。

（6）粮食加工基地建设。加工环节在粮食全产业链中具有举足轻重的地位，一头连着市场、一头连着农户，引导农民与市场对接，带动农民增收。整合现有粮食加工企业以及进行现有粮食加工企业技术升级改造，实现粮食95%以上的加工能力，改变传统的"收原粮卖原粮"的经营方式，引导企业开展稻麦多元化深加工，加大副产品的综合利用和深度开发，延长产业链条，研发一批高附加值产品，如米糠功能因子高效分离及高品质米糠油精炼技术：采用溶剂分离新技术，高收率获得功能因子谷维素的有效分离，再以谷维素分离的下脚料生产甾醇和阿魏酸等多种产品，用于药品生产。并研究经功能因子分离后的米糠油进行油脂精炼新技术及工艺，生产一级米糠油营养食品，进一步实施米糠深加工高效增值全利用产业化技术。

（7）粮食仓储基地建设。充分发挥现有的东海县国家粮食储备库铁路专用线、8万t粮食储备库的作用，建设完善、整合现有粮食储备设施，完善仓储基地的基础设施建设，真正使粮食收得进，储得下，管得好。

（8）稻米品牌培育。以东海大米地标品牌为核心，打造一批全国知名大米品牌。突出区域特色，创建一批有机稻米、功能稻米、富硒米。鼓励企业积极引入"互联网+"模式，建立健全质量可追溯体系，促进线上线下融合发展，提升品牌营销能力和产品市场竞争力。充分发挥东海县大米协会的作用，组织会员参加各种农展会、品鉴会、招商会，强化推介力度，广播东海大米的美誉度。培育秀收、天谷、汇盟、润明等一批稻米品牌和企业品牌，提升东海大米的市场竞争力。

（9）病虫害监测网络体系建设。在粮食种植集中区域的各个乡镇，分别建设1个作物病虫普查监测点，加强作物病虫害发生时况快速监测，科学指导开展统防统治。

（10）粮食作物智能化生产管理技术基地建设。在平明粮食高产区域建设，依托北斗全球卫星定位系统，开展3S技术［包括遥感技术（RS）、地理信息系统（GIS）和全球定位系统（GPS）］，通过采集、处理、管理、分析、表达和传播，提高现代农业的智能化装备水平，开展农情监测、精准施肥、智能灌溉和病虫草害监测与防治等方面的信息化示范，实现粮食种植业生产全程信息化监管与应用，减少水肥药浪费，保护农业环境，提高农业产出率、劳动生产率和资源利用率。建设智慧型农机综合服务系统，推进农机服务的网格化管理，实现农机的实时调度、实时监控、实时管理和"一站式"在线服务。建设东海县"物联网+粮食生产"体系，让种植户足不出户就能活的全方位的技术服务，提升粮食生产的现代科技水平。

（11）高标准农田建设。实施藏粮于地、藏粮于技战略，在已有基础上，合理规划，按照《高标准基本农田建设标准 TD/T 1033—2012》分期分批开展亩产超吨粮的高标准农田建设，争取将80%耕地面积建设为高标准农田。

（二）蔬菜（含食用菌）产业

经过多年发展，东海县蔬菜产业已颇具规模，特色蔬菜初具规模，加工能力不断提高，培育出国家地理标志保护产品"东海西红柿"，培育出蔬菜种植专业合作社 218 家。2017 年，蔬菜播种面积 33 680hm²，产量 120.98 万 t，产值 14.93 亿元，其中果用瓜（西瓜、甜瓜、草莓）的播种面积 9 670hm²，产量 37.32 万 t。蔬菜产业已成为农民增收的重要渠道。目前面临着蔬菜种植技术服务和推广体系不健全，技术力量薄弱；蔬菜产业经营主体普遍规模较小、核心竞争力欠缺；标准化程度低；经济效益较低等问题。东海县未来蔬菜产业发展应以生产无公害蔬菜为中心，着力构建特色化、品牌化、绿色化的蔬菜产业格局，实现由蔬菜大县向蔬菜强县的跨越。

1. 发展思路

积极稳步扩大优质蔬菜生产规模，调整品种结构，创立名优品牌。2017 年我国蔬菜人均产量达到 600kg 以上，而人均年需求量不足 400kg，因此未来蔬菜产业的竞争就是蔬菜产品质量的竞争，蔬菜品牌的竞争。东海县蔬菜产业在稳定规模生产的同时，必须充分认识到树立品牌的重要性，创造出在国内外市场上具有较高知名度的名牌产品面对蔬菜市场竞争的不断加剧，要发挥产品的质量优势，必须充分认识树立品牌意识的重要性，应围绕东海县蔬菜的优势品种进一步加大培育和竞争名牌的工作力度，形成一批蔬菜产品及其加工品的名牌群，并实施规模化、专业化和标准化生产，提高名牌产品、优质产品的比例。对已确立的名牌产品要加大宣传力度，制定名牌营销策略，搞好商标注册，制定商品标准，进行高标准的产后处理。要改变把名牌产品当作一般商品销售的做法。重新对名牌产品进行市场定位，走名品变精品、抢占市场制高点的路子。

创新发展机制，建立规模化经营模式。东海县蔬菜产业的发展要抓住机遇。发挥优势，以市场为导向，以龙头企业为依托，以蔬菜规模化、标准化种植为基础，以科技服务为手段，以中介组织为桥梁，将蔬菜生产中的各个环节联结为一个完整的产业链条，形成产加销一条龙、农工贸一体化、"利益共享、风险共担"的经济共同体，使分散的农户转变为有组织的社会化大生产，最大限度地发挥整体效应和规模效应，构筑蔬菜"大生产、大市场、大流通"的格局。以增加农民收入为核心，充分发挥资源优势，面向国内、国际两个市场，突出抓好生产基地、龙头企业、营销队伍三个环节，加快无公害蔬菜生产进程和科技兴菜的步伐，调整产品结构，发展蔬菜产品加工，完善市场体系及信息服务体系，提高蔬菜产品附加值，使蔬菜产业成为东海县农业领域辐射范围广、科技含量高、竞争能力强、经济效益好的支柱产业。

2. 发展目标

蔬菜产业总面积稳定在 33 000～35 000 hm^2，其中，果用瓜面积在 10 000 hm^2，出口蔬菜基地 2 000 hm^2。将东海县打造成为长三角地区菜篮子，东北亚出口蔬菜生产基地。

3. 规划布局

规划重点是稳定白塔埠、桃林、安峰、驼峰、曲阳、石榴等乡镇温室大棚蔬菜，形成有优质蔬菜生产区域，并建设出口蔬菜生产基地。

规划以黄川、洪庄、安峰、驼峰、石湖、曲阳为区域范围，以草莓、甜瓜为主要品种，形成一个果用瓜生产区域。

规划石湖林场、李埝林场、山左口乡重点发展食用菌产业。

4. 重点建设工程

（1）参照国家、省级现代农业产业体系专家团队的建设思路，引进区域外专家及整合东海县专家相结合，建设东海县蔬菜（食用菌）产业体系专家团队 2 个（大宗蔬菜、食用菌），团队专家包括育种、工厂化育苗、栽培、病虫害、施肥、土壤保护、机械化、智能化、设施栽培设备、贮藏与加工、产业经济、试验示范基地等，全方位为蔬菜产业发展保驾护航。

（2）蔬菜品种选育及设施蔬菜科技示范基地建设。蔬菜产业的发展离不开优良品种，东海县应加快国内外市场前景看好的蔬菜品种引进筛选示范工作，促进蔬菜育、繁、推一体化进程。根据各个乡镇、园区的主要栽培品种，引进辣椒、茄子、番茄、草莓、甜瓜等新品种，进行新品种筛选试验，通过对产量、品质、抗病性、市场认可度等综合因素考察，选择适宜连云港设施栽培的茄果类、瓜果类蔬菜新品种 5～10 个，研究并不断完善筛选出的蔬菜新品种相配套的高效栽培技术。东海县要高度重视挖掘当地蔬菜种植资源优势，并市场消费需求，通过引进与独立研发相结合途径，开展蔬菜品种的培育以及相配套的高效栽培技术研究。建设东海县"物联网+蔬菜种植"体系，让种植户足不出户就能活的全方位的技术服务，提升蔬菜生产的现代科技水平。

在白塔埠镇现代设施蔬菜种植园区，打造设施农业物联网应用示范工程。建设温室（大棚）智能感知与自动控制系统，采用物联网技术，对温室（大棚）内的温湿度、光照、土壤墒情、视频图像、投入品使用等监测数据进行感知，把采集的数据，通过智能温室（大棚）管理系统进行分析后，经过电脑、智能手机等终端实时调整控制草帘、风机、喷灌、通风、CO_2 增肥、加温和补光等设备，保证温室（大棚）环境最适宜作物生长，为设施蔬菜优质、高产、高效和健康发展创造条件。

（3）蔬菜幼苗繁育基地（工厂化育苗基地）。在蔬菜优势产区建设蔬菜工厂化育苗工厂，改善设施条件，规范操作技术，推动蔬菜育苗向专业化、商品化、产业化方向发展。主要建设钢架大棚、连栋温室，配套遮阳降温、防寒保温、通风换气、水肥一体、育苗床架、基质装盘、播种、催芽等设施设备，重点推广茄果类、瓜类、甘蓝类等蔬菜穴盘育苗技术（嫁接技术），提高蔬菜育苗安全性和标准化水平。

建立蔬菜新品种脱毒、病毒检测、离体快繁及工厂化育苗技术基地。该基地主要开展以下研究：蔬菜种苗脱毒技术研究。关键在于切实解决组培快繁过程中的"四率"问题，即污染率、诱导率、生根率和炼苗率。选择恰当的培养基和激素，提高继代培养中愈伤组织再生植株的诱导率，使脱毒种苗再生植株的分化系数稳定。病毒检测技术研究，采用血清学方法检测方法进行病毒检测，灵敏度高，获得检测结果迅速。脱毒苗的生根和移栽技术研究，利用组织培养快繁或脱毒发挥草莓品种优势，保持种质资源，提高品种的抗性．使之产量高、品质好。

（4）蔬菜标准化生产基地。加快蔬菜生产基地建设，是实现蔬菜产业发展的重要途径，根据蔬菜产业发展思路，东海县各个乡镇都应加强蔬菜生产基地建设，做到以下几点。①科学合理规划，统一品种布局。②统一茬口安排，统一技术指导。③统一质量标准，统一品牌销售。④完善沟、渠、田、林、路和桥、涵、闸、站等基础设施配套；逐步扩大"三品一标"种植面积。

（5）食用菌生产基地。把发展食用菌产业作为调整农业种植结构、增加农民收入，实施精准扶贫、精准脱贫的主导产业来培育，大力实施政府推动、龙头拉动、科技促动、项目带动等"四轮驱动"战略，推动食用菌产业走规模化、标准化、集约化道路，全力培育农村新的经济增长点，把食用菌产业打造成新兴优势产业。在石湖林场、李埝林场、山左口乡建设食用菌生产基地。培育40家食用菌家庭农场，10个食用菌专业合作社。

（6）草莓生产基地。在现有草莓种植面积的基础上，规划草莓种植区向乌龙河以南、鲁兰河以北推进，沿黄顾路和新G310两线开发，打造"两河两线"万亩草莓开发新区。至规划近期形成4万亩规模的核心种植区，通过带动和辐射，形成黄川、石梁河、石榴、青湖、白塔埠5个乡镇10万亩的草莓种植规模，争创"全国特色农产品优势区"。

（7）蔬菜批发市场。蔬菜批发市场是蔬菜得以销售及流通的集散地，应选择交通便利区域建立蔬菜批发市场，以利于蔬菜生产旺季的批发、流通，减少因蔬菜滞留的损失。蔬菜生产基地乡镇建立农药残留快速检测点，重点村配备农残检测员。应在大型蔬菜批发交易市场建立农残检测站，对蔬菜农药残留实施全程跟踪检测，县级建立检测中心，保障蔬菜的无公害生产和安全食用。

（8）蔬菜加工基地。积极发展蔬菜加工业，是蔬菜产业走向产业化发展的必由之路。东海县蔬菜品种丰富、产量大，应大力发展蔬菜加工业，进行基地建设，以延长蔬菜产业链，增加产品附加值，在生产旺季起到稳定市场价格的作用。蔬菜加工基地建设的重点是蔬菜加工龙头企业建设，包括两个方面：一是对目前发展势头良好的龙头企业，二是紧紧围绕无公害蔬菜产业开发，积极开展农业招商引资，大力推介名特优蔬菜产品。千方百计争取引进一批加工企业，主要方向包括脱水、速冻蔬菜、酱菜（食用菌酱菜类）、菜汁（菌汤类）、复合果蔬汁、休闲食品类等，并引进一批与无公害蔬菜生产相配套的生物农药、生物有机肥、棚架、棚膜设施等相关加工企业。

（9）田头预冷商品化处理设施建设。把田头预冷等商品化处理设施作为蔬菜生产基地建设主要内容之一，切实提高蔬菜商品质量、减少损耗。根据项目区主要蔬菜产品，制定产品整理、分级、预冷、包装、运输方案，集成示范相应采后处理技术，减少蔬菜采后产量损失，提高产品质量，从而提高设施蔬菜生产效益。根据功能布局，在每个种植面积超过 $100hm^2$ 的家庭农场、合作社或者产业园各建蔬菜保鲜库 1 个，每个占地 1 000 m^2。

（10）出口蔬菜生产基地。在桃林、山左口、石榴等乡镇，重点发展出口创汇蔬菜，规划面积在 2 000 hm^2 左右。出口蔬菜生产基地要培育新品种，大力发展具有地方特色的名优品种和稀有品种，加强种植户蔬菜产品质量意识教育，制定出口基地农用物料清单制度，严格按照标准化规程操作，完善配套蔬菜质量检测能力建设。

（三）畜禽绿色养殖业

东海县是全国商品瘦肉型猪生产基地县、全国商品猪基地县、全国秸秆养牛示范县，拥有国家地理标志保护产品"东海老淮猪"。畜禽养殖业是东海县农村经济的传统产业，2017 年大牲畜年末存栏量 3.72 万头，出栏肉用牛 3.78 万头；生猪出栏 64.91 万头，期末存栏生猪 34.56 万头，能繁母猪存栏 3.3 万头，猪肉产量 4.8 万 t；家禽存栏 344.57 万只，出栏 825.39 万只，禽蛋产量 5.29 万 t；羊出栏 10.79 万只，期末存栏羊 4.49 万只；总产值达到 26.53 亿元。东海县建有规模养殖场 1 910 个，其中生猪养殖场 1 075 个，奶牛养殖场 2 个，肉牛养殖场 44 个，肉禽养殖场 506 个，蛋禽养殖场 283 个，拥有国家级生猪标准示范场 3 个，省级畜牧生态健康养殖示范场 25 个；生猪、蛋禽和肉禽的规模养殖比例分别达 95.7%、93.4% 和 90.1%。但也存在畜产品加工业发展相对落后、特色畜产品产业发展有待提高等问题。在东海县乡村产业发展中，畜禽养殖业作为优势产业，要始终以科技创新为引领，以循环经济、种养结合理念统筹生产发展，以环境保护为目标，按照划定的禁养区、限养区和适养区，合理进行布局，全面优化畜牧业结构，巩固提升家禽、生猪产业优势，以市场为导向，依托龙头企业、养殖园区等，充分发挥规模化经营的优势，促进畜禽养殖产业可持续发展。

1. 发展思路

畜禽养殖业与资源环境相协调。畜禽养殖产业生产过程中，会产生一定数量的固体养殖废物、废水和废气，破坏生态环境，影响周围景观，降低周边群众的生活质量，污染地表水体乃至地下水环境，因此发展畜禽养殖业必须和东海县的资源环境承载力相适宜，严格按照划定禁养区、限养区和适养区布局畜禽养殖场、养殖小区（示范区）等乃至畜禽产品加工企业，在禁养区/限养区内坚决不规划，在适养区合理规划。

种养结合发展模式。为保护生态环境和实现养殖废弃物资源化利用，根据国家相关规定和当地种植业发展实际情况，合理确定养殖场的养殖规模；同时建设必要的养殖废弃物临时贮存设施，设施要求达到防风、防雨和防晒；建设养殖废弃物加工基地，生产有机肥、生物有机肥、有机无机复混肥等，以解决超过当地环境承载力的养殖废弃物。

依托龙头企业，采取"公司+农户"模式，发展规模化经营。采取"公司+专业合作社+农户""公司+基地+农户"等多种经营方式，公司通过回收农户养殖的畜禽就地加工屠宰销售，解决农户的产后销售问题，公司还可以推广良种畜禽饲养，建立培训基地等，带动更多农户进行科学养殖以及更多农户发展畜禽养殖业，在龙头企业带领下，进行规模化经营。

保障动物卫生安全和畜禽产品质量安全。规模化养殖密度较大，动物疾病防控是养殖业持续发展的重要前提，但不可讳言的是，由于现代交通运输技术发展，畜禽异地运输极为普遍，这为传染病的传播带来便利。东海县畜禽养殖业发展的重中之重是要保障动物卫生安全、降低兽药用量，进而为畜禽产品的质量安全提供保障。

2. 发展目标

根据农业农村部《畜禽粪污土地承载力测算技术指南》（农办牧〔2018〕1号），东海县 2017 年粪肥氮供应量/需求量约等于 0.46，也就是说畜禽养殖规模还可以扩大。确定全县生猪出栏量稳定在 120 万头；肉禽出栏量稳定在 1 500 万只；蛋禽存栏量稳定在 330 万只，肉牛出栏 6.8 万头，羊出栏 12 万只。生猪规模化比例达到 96.5%，大中型规模养殖比例达到 85%，禽规模化比例达到 93% 以上。将东海打造成为长三角地区的优质畜禽生产区。

3. 规划布局

根据东海县畜牧资源、优势特色、产业基础及自然生态条件，重点发展生猪、家禽、肉牛、羊四大优势特色产业。

规划牛山、石榴、白塔埠、石梁河、温泉、双店、桃林、房山、驼峰、李埝、山左口等乡镇重点发展生猪养殖。温泉、双店、桃林、洪庄、李埝、山左口、石湖等乡镇重点发展大牲畜养殖。白塔埠、黄川、石梁河、青湖、桃林、洪庄、李埝、石湖等乡镇重点发展家禽养殖。石梁河、双店、桃林、洪庄、驼峰、李埝等乡镇重点发展羊养殖。

4. 重点建设工程

（1）参照国家、省级现代农业产业体系专家团队的建设思路，引进区域外专家及整合东海县专家相结合，建设东海县畜禽产业体系专家团队 2 个（生猪、家禽），团队专家包括育种与繁育、养殖与环境控制（废弃物资源化利用）、饲料、疾病防控、贮藏与加工、产业经济、试验示范基地等，全方位为畜禽养殖产业发展保驾护航。

（2）现代畜禽良种繁育基地建设。依托连云港温氏公司、新希望六和股份有限公司等龙头企业，构建祖代场—父母代场—商品场的繁育体系，采用"公司+基地（农户）+客户"模式推广杜长大三元杂交猪，全面实现良种化。在桃林、青湖等建设 3 个人工授精站，为全县中小型养殖户提供供种服务。依托连云港温氏公司，在白塔埠镇建设年出栏鸡苗 1 600 万只的黄羽肉鸡父母代种鸡场一处，采用公司+农户的模式，在白塔、李埝、石湖、洪庄等镇推广商品代黄羽肉鸡。依托广西桂林市桂柳家禽有限责任公司，采用全封闭、标准化饲养模式，在李埝构建形成英国祖代种鸭养殖—桂柳父母代种鸭养殖—饲料生产—商品鸭苗孵化的种鸭生产的全产业链，建设年出栏商品鸭苗 100 万只的种鸭生产基地。

依托国营江苏省东海种猪场，采用以"淮猪遗传资源保护场"为核心，与东海老淮猪育种扩繁场、东海老淮猪育肥场相结合的动态保种模式，建立完善东海老淮猪"原种场—育种扩繁场—商品场"宝塔型的良种繁育推广体系。依托洪庄镇永昌苏北毛驴养殖公司，调查、搜集、筛选、整理等东海及周边地区的苏北毛驴资源工作，建立苏北毛驴原种基地。

（3）畜禽绿色生产基地建设（循环产业园建设）。按照"畜禽良种化、养殖设施化、生产规范化、防疫制度化、粪污无害化"的要求，加强技术培训与指导，深入开展畜禽养殖标准化示范创建工作。①生猪。实现生猪改良面达到99.5%，发展存栏1 000头以上规模生猪养殖场200个，存栏5 000头以上的特色村5个、出栏50 000头以上的专业乡镇8个，年出栏生猪100万头左右。②家禽。发展存栏5 000只以上规模家禽养殖场40个，存栏10万只以上的特色村10个、存栏100万只以上的专业乡镇5个，③羊。改扩建200户年出栏100只以上的羊场，建设50户年出栏羊500只以上的大户和年出栏1 000只的特色村10个；建设5个羊标准化养殖小区，每个小区农户10户以上，每个小区年出栏1万只以上。④大牲畜。发展存栏500只以上规模大牲畜养殖场50个，存栏1 000只以上的特色村5个、出栏10 000头只以上的专业乡镇6个。

按照"一控、二分、三防、四配套"的工作思路，所有规模化养殖场（小区）要按照养殖规模配套建设相应的粪污收集、处理设施设备，如干湿分离设备、养殖废水（沼液）贮存池、沼气池等，实现污染物还田利用；同时按照养殖规模，确定与之相配套的种植业用地以消纳养殖废物，并建设田间配套施肥设施，如粪水输送管网、田间调节池、运粪车等，实现种养结合、资源循环再利用。

（4）饲料加工基地建设。按照"提高门槛、增加效益，加强监管、保证安全"的原则，大力发展优质安全高效环保饲料产品；严格许可审查，坚决淘汰不合格的企业；鼓励饲料生产企业竞争，建立饲料行业诚信体系，推行生产全过程质量安全管理制度。

（5）畜禽产品加工基地建设。发展畜禽产品加工就是通过培育和发展畜禽产品加工的龙头企业来带动养殖企业、养殖户发展畜禽养殖业，促进当地畜禽养殖业的快速、稳定发展。目前东海县现有的畜禽产品加工企业较为分散且规模较小，没有形成规模化的畜禽产品精深加工体系，应引进、整合、提高畜禽产品加工能力。

（6）动物卫生监督和疫病防控体系建设。在现有国家无规定动物疫病区示范区的基础上，建立19个动物疫情普查监测与防控点，完善动物疫病预防控制中心实验室的建设，达到农业农村部《兽医系统实验室建设标准》要求，具备开展动物疫病监测和流行病学调查的能力；完善乡镇畜牧兽医站的设施设备，使其具备开展动物疫病采、送样和病料保存等工作能力；开展村级动物防疫室建设示范，完善设施设备，满足重大动物疫病免疫工作需要，具备动物疫情观察报告能力。强化动物卫生监督执法设施建设，在全县肉食品加工企业、各乡镇定点屠宰点和大型规模养殖场，建设与生产相适应的网络视频监督设施。

（7）现代畜牧业服务体系建设。建立完善畜产品物流体系，大力发展功能、层次不同的批发市场、专业市场、肉食品冷链物流和冷鲜肉直销点，构建畜牧电子商务营销平台，形成广泛的营销网络体系。完善畜牧业监测预警体系，加大信息引导产业发展力度；深入推进畜牧技术推广体系改革和建设，建立健全产销衔接机制和畜牧业防灾减灾体系，提高畜牧业抗风险能力，强化公共防疫服务，提高服务质量和水平。

（8）畜产品质量安全保障体系建设。建设畜产品质量安全检验检测站，购置配套设施设备。同时，加强畜禽产品（含投入品、生态环境）质量安全检验检测中心的建设，充实检测力量，完善仪器设备配置，提高检测能力。加大饲料、兽药、畜禽产品质量安全检测、监测力度，加大投入品的执法监管力度，对重点环节和主要违禁物质开展全覆盖监测，确保畜禽产品质量安全。做好无公害、绿色、有机畜禽产品认证工作。

（9）养殖废弃物资源化利用基地建设。在粪污不能自行消纳的养殖场（养殖小区），采用企业主导模式，建设有机肥生产厂5家，年生产能力达到10万t以上，有机肥工厂主要布置在桃林、洪庄、石梁河、石榴等养殖规模较大，经济作物种植面积同样较大的乡镇，用有机替代化肥，最终实现化肥零增长，并培育出绿色无公害农产品品牌。

（10）畜禽智能化绿色养殖技术示范基地。在石梁河镇养殖规模化程度较高的畜牧企业，打造畜禽养殖生产物联网应用示范工程。利用智能感知、无线传感、智能控制和通信网络等现代信息技术，对畜禽养殖繁殖育种、环境监控、饲料投喂和远程诊断等生产过程进行精细化、智能化和网络化管理，提高畜禽产品产量和品质，增加养殖经济效益和生态效益。建设东海县"物联网+畜禽养殖"体系，让养殖户足不出户就能活的全方位的技术服务，提升畜禽养殖的现代科技水平。

（11）病死畜禽无害化处理基地。按照"统筹规划、属地负责，政府监管、市场运作，财政补助、保险联动"的原则，健全无害化处理体系；

根据养殖场布局，优化无害化处理场布局；规范病死畜禽无害化处理，原则上养殖场户的病死畜禽应委托专业无害化处理场进行集中处理，山区、边远地区等暂时不具备集中处理条件的地区自行处理的，要配备与养殖规模相适应的无害化处理设施设备，严格按照相关技术规范进行处理，逐步减少深埋、化尸窖、堆肥等处理方式，确保有效杀灭病原体，清洁安全，不污染环境。

（四）林果产业

东海县属亚热带季风性湿润气候区，光、热、水资源丰富，土地肥沃，既是板栗栽植的适生区，又是核桃栽培的优势区，同时也是鲜食葡萄栽培适宜区和猕猴桃栽培优势区。2017年，果园面积8.07万亩，其中葡萄园2.17万亩，梨园1.65万亩。但应该看到东海县林果发展中存在着品种老化、病虫害多、产量小、良种使用率低、品质不优、精深加工不足、市场占有率低、龙头企业带动能力不强、林果业全产业链不完善、产前产业服务发展滞后等问题。

1. 发展思路

在今后的一段时间内，东海县林果产业发展的基本思路是：深化农业供给侧结构性改革，紧紧围绕"建基地、搞加工、创品牌"和"做大规模、做优品质、做响品牌"的总体要求，以品种改良、品质改进、品牌创建为重点，依靠科技进步，创新发展机制，激活经营主体，努力打造一批精品果业园区和"一乡一品"特色村镇，培育一批在国内外竞争力强的林果品牌，将东海县林果产业建设成为规模化程度高、产业结构合理、品种品牌优势明显的重点乡村产业。

改造老果园，增加单产水平。在乡村振兴的大潮中，东海县林果产业的发展要尽快融入特色农业、生态农业中去，牢牢把握绿色消费这个时代脉搏去耕耘、去开拓，在实际发展过程中，通过生产基地建设，改造老果园、提高单产水平，增加供给量。着力调整品种结构，争取进入市场的时间，加快提升林果产业产后服务业发展水平，提高市场竞争力。

在充分发挥原生态优势的同时，要在立体生态果园建设上取得突破，大力提高生态建设中的经济含量，促进生态效益和经济效益同步增长。林果产业必须全面推行无公害生产技术规程，让消费者买着放心，吃着安心，着实打"绿色果品"这张牌。

2. 发展目标

2022年林果产业总面积维持在8万亩，年产林果果果品达到16万t以上；良种普及率达90%以上，果品商品率在80%以上。

3. 规划布局

根据东海县林果业资源、优势特色、产业基础及自然生态条件，重点发展葡萄、梨、桃、蓝莓、核桃五大优势特色产业。重点建设石梁河优质葡萄3.5万亩生态观光园区和石梁河1.5万亩高效优质梨产业园区，桃林、山左口1万亩高效优质桃产业园区，李埝林场1万亩高效蓝莓产业园。

4. 重点建设工程

（1）参照国家、省级现代农业产业体系专家团队的建设思路，引进区域外专家及整合东海县专家相结合，建设东海县葡萄产业体系专家团队，团队专家包括资源与育种、栽培与质量控制、病虫害防控、采后处理与加工、产业经济、试验示范基地等，全方位为葡萄产业发展保驾护航。

（2）标准化无病毒良种苗木繁育基地建设。东海县林果业发展，需要大量的优质苗木供给。实现苗木的良种化、无毒化是保证果树健康生长和生产的必要保障，也是本规划得以实施的关键。规划在石梁河、桃林、李埝建设水果无病毒良种苗木繁育基地各1个。3个基地均包括无病毒名优品种展示园、无病毒良种母本园、无病毒良种生产示范园、采穗圃、苗圃等，构建完整的"三园两圃"体系。建立果树良种苗木注册制度，由政府、农业管理部门和科研单位等组成联合机构，承担注册服务和组织无病毒良种的鉴定、保护和执行检疫条例等管理工作。对经检查核实合格的繁育基地，发给生产经营许可证，并定期或不定期地进行普查（抽查）工作，及时公布普查（抽查）结果，对需整改的要监督整改，以保障所有出圃苗木为无病毒良种苗木。

（3）果树绿色优质高效栽培技术集成基地。为实现果业的可持续发展，在葡萄、梨、桃、蓝莓、核桃等产业的集中产区，分别建设1个果树绿色优质高效栽培技术集成创新示范基地，开展果树栽培技术引进、创新。①葡萄省力轻简优质安全栽培技术开发与示范。以改善葡萄生长环境、降低种植密度、简化修剪栽培技术、便于机械化作业、提高果实品质和优质商品果产量及产品安全性为目标，重点解决以下几项关键技术问题：规避高地下水位的种植技术高主干、长主蔓整形及水平叶幕构建技术：避雨栽培技术、水肥一体化灌溉技术，同时引进阳光玫瑰为主，早黑宝、红亚历山大、奇高、桃太郎、天晴、天上、雄宝、金手指、妮娜皇后为辅的葡萄品种10个以上，为品种更新换代提供依据。②优质黄桃保鲜关键技术及产业化。以江苏省黄桃代表品种'丰黄'和'连黄'为研究对象，在大桃贮藏保鲜理论研究的基础上，通过冰温贮藏保鲜技术的应用，建立延长黄桃采后保鲜期的工艺，最终解决黄桃贮藏保鲜和品质控制的技术难题，最大限度地减少黄桃采后的损失，为市场提供适销产品，增加农产品的附加值。③梨新品种引进及配套高效栽培技术示范推广。引进梨新品种，进行新品种筛选试验，选择适宜东海县种植果品新品种 2 个。通过科学施肥、保花疏果、植株调整、病虫害综合防治等方面的研究，建立梨果安全生产的技术体系。④蓝莓优质品种引进及配套栽培技术示范推广。引进美国抗寒、丰产蓝莓优良品种 10 余个，经筛选、选择适合当地土壤、气候等生态环境、综合性状早、中、晚成熟的优良品种。开发栽培新技术、防草新技术等。⑤美国核桃新品种引进及栽培技术示范推广。筛选 3~4 个适合东海地区种植的美国薄壳山核桃优良新品种，建立良种苗圃 30~50 亩，引进美国薄壳山核桃栽培技术 2~3 项，整理一套东海地区美国薄壳山核桃高效栽培技术规范，并将该技术向周边地区进行辐射。

（4）标准化生产基地建设。重点建设葡萄产业园、桃产业园、蓝莓产业园和梨产业园。按照集约化、标准化和规模化生产要求，基本要求园区连片面积为 100 亩及以上。根据建设规划确定的建设地块、推进时间、栽植品种，按照山、水、园、林、路统一规划的要求设计。充分考虑果树丰产稳产需要的光、热、水、气、肥等生长条件，本着"因地制宜、以树为本、满足需要和兼顾生态"的原则，创造有利于果树丰产、稳产、优质的环境条件和良好的交通、蓄排和生态保护条件，以降低生产成本，提高生产效率，最大限度提高果园生产效益。同时，为发展农业观光休闲产业的需要，在进行标准化基地建设时候，就要兼顾生产、观光旅游的共同需要。

（5）果品加工基地建设。积极发展果品加工业，是果业产业走向产业化发展的必由之路。东海县发展果品加工业，进行基地建设，以延长果业产业链，增加产品附加值，在生产旺季起到稳定市场价格的作用。果品加工基地建设的重点是果品加工龙头企业建设，包括两个方面：一是对目前发展势头良好的龙头企业；二是紧紧围绕果品产业开发，积极开展农业招商引资，大力推介名特优果业产品。千方百计争取引进一批加工企业，主要方向包括脱水、果汁、休闲食品类等。

（五）特色花卉产业

花卉产业是一个朝阳产业，随着生活水平提高和城市发展，花卉需求旺盛，产业发展前景良好。东海属暖温带半湿润气候，兼有南、北两地的气候特点，四季分明，气候温和，雨水充沛，日照充足，无霜期较长，光、热、水高峰基本同期，气候条件优越；同时东海县地处长三角地区、京津地区等经济发达地区辐射范围内，交通运输条件较好；这都为为花卉苗木产业发展奠定了基础。东海县自 1997 年开始鲜切花种植以来，花卉产业发展较快，现已经形成一定的规模，成为江苏省重要的花卉产业基地，2017 年东海县鲜切花设施栽培面积达 30 000 余亩，日光温室超 10 000 栋，年产各类鲜切花超过 6 亿支，产值达到 11.28 亿元，形成了双店镇、山左口乡、驼峰乡 3 个主要的鲜切花生产基地，有花卉专业户 2 000 户，花卉经纪人 100 余人，鲜切花生产合作社 2 个，花卉协会 3 个，花卉苗木公司 2 家，双店镇作为鲜切花种植的主要乡镇之一，获批江苏省首批电子商务示范乡镇。但应该看到东海县花卉产业发展水平有待提高、品种较为单一、百合种球过度依赖进口、花期调控技术不成熟导致不能周年生产与供应、花卉地块土壤连作障碍等问题。

1. 发展思路

东海县花卉产业的发展重点在增加种植面积的同时，重点加强花卉生产过程中关键科学技术研究，引进新的花卉品种，扶持龙头企业上规模，构建花卉产业集聚区，建立花卉集散基地，培育产业集群，通过继续举办"东海花卉博览会"以及网上直播"东海花卉"等形式进行东海花卉宣传，完善花卉全产业链发展态势，做优花卉产业。

2. 发展目标

到 2022 年，花卉种植面积达到 10 万亩，年产各类鲜切花 20 亿支，培育花卉全产业链企业集群 3~4 家，拓展国外销售渠道，鲜切花产品出口占 50% 以上。在"双店百合"这一地理标志产品基础上打造新的花卉发展增长点，如彩色马蹄莲、切花菊、非洲菊等，依托"双店百合"品牌升级打造"东海花卉"。实现花卉生产设施化、产品标准化、产业信息网络化、储运安全便捷化、社会服务专业化、营销手段现代化。依托花卉产业，提升东海县休闲农业与乡村旅游发展水平。将东海打造成为长三角、环渤海地区鲜切花知名生产基地、华东花都。

3. 规划布局

规划以山左口、双店、驼峰为中心的花卉基地和市场网络体系，通过辐射带动，逐步形成白塔、驼峰、牛山、石榴、石湖、温泉、双店、山左口等新牛、东郊公路花卉产业带，把东海县打造成为全国知名的鲜切花生产基地和销售集散中心。

4. 重点建设工程

未来东海县花卉产业发展重点是建设花卉种植基地、集散市场（东海县花卉交易中心）、花卉产业科研中心（花卉繁育基地）、花卉展览中心等。

（1）参照国家、省级现代农业产业体系专家团队的建设思路，引进区域外专家及整合东海县专家相结合，建设东海县花卉（百合）产业体系专家团队，团队专家包括资源与育种、栽培与质量控制、病虫害防控、采后处理与加工、产业经济、试验示范基地等，全方位为花卉产业发展保驾护航。

（2）花卉种苗（球）繁育基地（中心）。规划在双店镇北沟村建设面积为500亩的种苗（球）繁育基地（中心），主要开展花卉新品种、新技术研发，使之成为科技成果的孵化器。同时建设以切花百合、非洲菊、切花菊、彩色马蹄莲等为主的、面向全国的种球、种苗生产供应基地，不仅实现生产基地种球、种苗的自给，同时供应国内市场，同时研发、示范推广花卉绿色高效栽培技术。

切花菊新品种引进与示范推广：以具有自主知识产权的菊花新品种为先导，开展新品种繁育特性等的研究，包括不同品种光温周期综合反应特性、插穗低温储藏特性、生根特性及周期等；结合母本光周期调节、插穗低温储藏、穴盘育苗及全光弥雾扦插等技术的优化集成，形成菊花种苗高效与周年繁育技术体系，实现种苗快速扩繁及周年供应，加快新品种的推广应用。通过项目实施可以延长切花菊自然花期，促进自然资源的合理利用，降低生产成本，从而推动花卉产业升级和效益提升，实现产品更新换代。

非洲菊新品种引进及优质高效栽培技术示范推广：针对东海县非洲菊品种少品质差的问题，引进并推广应用5~8个非洲菊新品种，提高非洲菊质量提升其相应的市场竞争力。根据日光温室非洲菊连作退化的土壤营养生态现状，研究相应的土壤营养生态快速修复技术和连作无障碍生产技术。同时推广应用非洲菊科学配方施肥技术、病虫害综合防治技术和非洲菊环境调控与花期、品质控制技术为农户提供非洲菊精量施肥技术。确保东海县日光温室非洲菊生产品种齐全、管理科学，降低农业生产成本提高花农生产效益。

彩色马蹄莲新品种引进与示范推广：引种彩色马蹄莲新品种并对其进行适应性筛选的基础上，对适应性好的品种开展其人工快速繁殖、阳光大棚种植的高效栽培和产业化生产的研究，并进行示范推广，有利于形成阳光大棚种植的高效栽培技术体系，增加花卉种植的种类。

百合种质资源基因库（圃）建设：项目收集保存百合种质资源1 000份，离体保存库1座，离体保存百合资源2 000份；共享资源500份；建立国家级百合种质资源共享平台子平台和百合种质资源评价及利用系统；育成自主知识产权百合品种 3~5 个，提高东海县百合品质，推动花卉产业升级和效益提升。

（3）花卉标准化种植基地。在山左口、双店、石榴和驼峰等乡镇连成的线上，提升已有种植基地水平并拓展新的种植基地，实行产前、产中、产后，即从种球、种苗的处理到产品的采收、包装、保鲜、运输全过程都实行标准化生产技术控制，确保产品质量达到优质标准，使其成为花卉科技成果的转化应用示范基地。

（4）建设现代化花卉综合交易市场。计划在东郊公路双店收费站北边建设一个现代化多功能花卉综合交易市场，包括交易大厅、保鲜储藏中心、物流配送中心和市场管理办公室等。对鲜切花、苗木盆景、干花、花器、花材、花肥、园艺机械等进行集中交易，减少种植户的后顾之忧以及产品经销商的销售成本。建设信息服务中心，及时提供花卉市场需求信息、价格信息等，同时开展网上销售等。

（5）智能化栽培管理示范基地建设。在双店镇选择一家花卉种植家庭农场或者合作社，打造花卉栽培智能化管理示范基地，重点推广应用温室大棚肥水一体化自动喷滴灌、生产环境监控和病虫害预警系统及花卉工厂化生产智能监控系统。建设东海县"物联网+花卉种植"体系，让种植户足不出户就能获得全方位的技术服务，提升花卉生产的现代科技水平。

（6）区域品牌建设。"双店百合"是国家地理标志产品，是东海县一张闪亮名片，要引导和鼓励产业化龙头企业、农民合作社和行业协会以"双店百合"为基础，升级打造"东海花卉"品牌、争创名牌，大力实施"区域公用品牌+企业自主品牌"双品牌发展战略，提升东海县花卉国内知名度和市场竞争力。

（六）水产养殖产业

东海县淡水水域主要为水库、河沟、池塘及其他临时水域。县域内主要新沭河、淮沭新河、蔷薇河、鲁兰河、石安河、龙梁河等 16 条干支河流，干、支农渠 10 794 条，大中小沟 11 157 条，东海每年还有近百万亩的水稻种植面积。纵横的河流及辽阔的水域，造就了东海县丰富的水生生物资源，浮游植物有蓝藻门 8 属、绿藻门 22 属、裸藻门 3 属、金藻门 2 属、甲藻门 2 属、隐藻门 1 属。浮游动物有 10 种，枝角类 4 种、桡足类 3 种，原生物 10 种，轮虫 3 种。底栖生物主要有水生寡毛类、多毛类动物以及水生昆虫蜻蜓目、蜉游目、毛翅目的幼虫，另有一些软体动物如河蚬、河蚌、田螺等。河道、水库中拥有大量野生鱼类，如泥鳅、黄颡鱼、鲇鱼、餐条鱼，麦穗鱼、棒花鱼、鳑鲏鱼、太湖银鱼等野杂鱼类。

东海县水产养殖品种较为繁杂，鱼类有青鱼、草鱼、鲢鱼、鳙鱼、团头鲂、鲤鱼、鲫鱼、斑点叉尾鲴、泥鳅、加州鲈鱼、革胡子鲶、黄颡鱼、鳜鱼、翘嘴鲌、花（鱼骨）鱼等；甲壳类和软体动物有小龙虾、蟹、青虾、南美白对虾、罗氏沼虾、中华圆田螺、河蚌、河蚬等。

1996 年，东海县水产局进行稻田养蟹试验并取得成功。2006 年，曲阳乡养殖户藕田养殖小龙虾（克氏原螯虾）试验并取得成功。2007 年，藕田套养小龙虾在白塔 埠镇、曲阳乡等乡镇进行推广，并取得好的效果。2008 年，驼峰乡南榴村养殖户进行稻田养殖小龙虾试验并取得成功。

2017 年全县水产养殖面积 11.67 万亩，其中主要为池塘及水库；水产养殖产量为 6.45 万 t，较 2016 年增加 0.04 万 t，其中鱼类为 6.2 万 t，虾蟹类仅为 0.25 万 t。拥有水产品批发市场 8 个，合作经济组织 36 个，休闲渔业单位 30 个。

总体上说，东海县水产养殖产业规模化发展水平较低，缺乏市场品牌效应；水产养殖品种不能完全满足水产品市场需求；病虫害防治体系不完善等问题，为此东海县水产养殖产业发展将重点打造区域性水产品集散地品牌，培育（引进）水产品新品种，扩大养殖规模，建设名优水产品养殖基地，扶持龙头企业发展，提高水产品加工能力，建立完整的产业链，促进水产养殖业由单一的内向型自然经济向外向型经济转化，由经验性为基础的传统渔业向以先进实用技术为基础的现代农业转化，提高产业发展质量。

1. 发展思路

扩大养殖规模，建设水产养殖基地。充分利用现有水资源，大力发展四大家鱼及其搭配鱼类等大宗鱼类养殖，尽快实现规模化发展，既增加东海县水产品市场供给，满足广大群众的日常水产品消费需求，又可为加工企业提供充足的原料来源。应围绕已有一定水产规模基础的企业或者乡镇进行建设，在此过程中，始终坚持因地制宜原则，科学确定养殖品种和养殖规模，利用先进的养殖技术，合理开发利用现有的各种可利用的水面资源，重点要围绕龙头企业或者重点乡镇，打造区域性的水产品生产基地。

水产养殖产业与生态环境保护协调发展。与野生不同，传统的水产养殖业在养殖过程中为保证产量，防治各类病虫害投入了大量的渔药，如杀菌剂、杀虫剂，甚至还会投放促进鱼虾产卵和生长的激素类药物，这些药物会有相当一部分直接散失到水中，造成水环境的污染；另外，高密度养殖鱼虾排泄物含有氮、磷等营养物质，也是造成水环境污染的重要原因。东海县水产养殖产业布局按照禁止养殖区、限制养殖区和适宜养殖区进行布局；其中禁止养殖区包括：东海县主要天然河道及其所接纳、连通的所有支流河道和饮用水水源保护区，总面积为 4 878.42hm²，其中主要河道有新沭河、沭河、龙梁河、石安河、沭新河、蔷薇河、阿安河、安峰山水库溢洪道、前蔷薇河-卓王河、磨山河、尤庄河、卫星河、石榴树河、石文港河、存村河、昌平河、跃进河、高流河、沭新渠、乌龙河、鲁兰河、安房河、白沙河、翻水站引河、马河、民主河；水源保护区包括横沟水库饮用水水源保护区、沭新渠饮用水水源保护区、西双湖水库应急水源保护区。限制养殖区包括：生态红线保护区、基本农田保护区域内的现有养殖水域以及未利用的水域，总面积为 11 753.78hm²，限制养殖区内不再新增新的养殖面积，同时水产养殖时应采取污染防治措施，对污染物排放超过国家和地方规定的污染物排放标准的，限期整改，整改后仍不达标的，由县人民政府负责限期搬迁或关停；其他水域为养殖区，面积为 2 362.67hm²。

扶持水产养殖全产业链企业集群发展，打造水产养殖业全产业链。没有龙头企业的产业是很不完善的产业，也是难以实现发展壮大的产业。鉴于目前东海县大部分水产企业对水产养殖业发展的带动能力还不太强、产业链较短的现状，要积极扶持养殖龙头企业，提升其竞争优势；培育壮大水产加工龙头企业，形成现代水产品加工体系；重点培育种苗企业，满足东海县及其周边地区对水产养殖种苗以及名特优水产养殖业发展的需要。

2. 发展目标

到 2025 年，水产养殖面积达到 1 万 hm²，水产品产量达到 8 万 t。

3. 规划布局

生态有机鱼。以石梁河水库、安峰山水库、房山水库、大石埠水库、曲阳水库、张谷水库及新沂阿湖水库等水库滩涂鱼塘发展水库生态养殖，在上述限制养殖区禁止开展网箱养殖和施肥养殖，控制高密度的投饵养殖。

稻田生态养殖。规划布局在黄川、驼峰、白塔埠、平明、安峰等乡镇，建设面积 10 000 亩。

4. 重点建设工程

东海县水产养殖业发展将重点建设生态有机养殖基地、集约化设施渔业基地、稻鱼共生种养基地、休闲渔业基地、水产品加工基地、水产品集散市场；同时积极引进种质资源、保护和驯养野生水生生物资源，建设水生野生动物种质资源保护和繁育基地。

（1）生态有机养殖基地。东海县生态有机水产养殖主要是开发利用现有的水库进行水产养殖，重点是把水库相对较多并且有一定养殖基础的各乡镇连接起来建设成为东海县生态有机养殖基地区。在养殖品种选择上，可以为青草鲢鳙四大家鱼及其搭配品种（鲤、散鳞镜鲤、建鲤、鲫鱼），也可以为加州鲈鱼、革胡子鲶、黄颡鱼、鳜鱼、翘嘴鲌、花（鱼骨）鱼等特色品种；建设池塘健康养殖基地0.5万亩、水库生态养殖基地2万亩。在水库养殖时（限制养殖区），要改传统精养（投饵投肥）养殖模式为人工合理投放育苗，鱼种利用水中的自然生物资源增值鱼类的"人放天养"模式。

（2）集约化设施渔业基地（工厂化养殖基地）。重点布置在曲阳、石梁河等乡镇。在养殖品种选择上，可以为青草鲢鳙四大家鱼及其搭配品种（鲤、散鳞镜鲤、建鲤、鲫鱼），也可以为鳜鱼、鲈鱼、鲟鱼等特色品种。

（3）稻渔综合种养基地。东海县稻渔综合养殖业是在水稻田、藕田中养小龙虾、泥鳅、黄鳝等，水稻为养殖的生物遮阳、降温，养殖的生物为稻松土、增氧、除虫等。重点是把水稻种植面积相对较多并且有一定养殖基础的黄川、驼峰、平明、白塔埠等乡镇，连接起来建设成为东海县稻渔共生养殖基地带。规划稻渔共生种养基地面积10 000亩。

（4）休闲渔业基地。确立"以本地区消费者为主，兼顾外地游客"和"中低档消费为主，兼顾高档"的发展模式，满足大众化休闲需求与不同层次的个性化需求，重点建设东海现代渔业产业园项目等6处有规模、有特色的休闲渔业企业（农业公园），实现休闲渔业投资多元化、休闲品种多样化、基地建设规模化。

（5）水产品加工基地。水产品加工业是水产养殖业发展的延伸与必然。因此建设水产品加工基地是水产养殖产业发展到一定程度的必然产物。发展水产品加工业的实质是发展水产品的产业化经营。也就是通过培育和发展水产品加工的龙头企业来带动农户和养殖基地发展水产养殖业，促进当地水产业的发展，这都是已被各地实践证明过的成功经验。东海县水产品加工业需要形成一定的水产规模才能立足于市场，获得企业的稳定发展。东海县水产品加工基地建设要积极稳妥地向前推进，不宜求大求快，要因地制宜地采取引进与改造相结合的方式逐步发展。

东海县水产品加工基地应集中在石梁河、房山、安峰等养殖产量较大的乡镇，主要以水产品加工企业为基础，在更新设备、提高水产工艺水平的基础上，逐步扩大规模；通过招商引资、联合开发、股份合作等方式，发展以银鱼、小龙虾等特色品种为重点的精深加工。

（6）水产品集散市场。水产养殖业和水产品加工业发展需要以市场为导向，建设相应的水产品集散市场，是东海县大力打造水产业品牌的迫切需要。水产集散市场建设具有周期短、见效快的特点，并能有效地促进当地水产养殖业的发展。因此在水产品集中产区建立相应的水产品集散市场是东海县水产产业发展规划中的重要一项内容，随着水产养殖业发展，东海县应该加大水产品集散市场的建设力度。东海县水产品集散市场主要布局在水产养殖规模较大和交通便利的乡镇里，即石梁河、房山、安峰、驼峰、张湾、平明、曲阳等。主要是建设相应的市场基础设施，包括冷冻、装卸水产的平台，以及相应的饮食住宿和停车场等，同时提供相应的市场信息、市场检疫等公共服务。

（7）水产良繁基地建设。为满足东海县水产养殖业种苗需求，规划建设苗种繁育场1处，主要繁殖青草鲢鳙四大家鱼以及鲤鱼、鲫鱼等鱼苗；建设特色水产种苗繁育基地2处，主要繁育鲈鱼、鳜鱼、鲟鱼、鳖、小龙虾等种苗。

（8）水产品质量安全体系建设。随着我国经济的迅猛发展，人民生活水平的日益提高，消费者对水产品的消费观念有很大转变，保健意识也开始增强，水产养殖质量以及环境污染问题也逐渐暴露出来，成为制约水产养殖持续发展的主要因素。水产养殖安全涉及水产养殖全过程，包括养殖用水、养殖生产、苗种管理、饲料管理、渔药施用管理等诸多方面，因此应加强水产品质量安全体系建设。一是加大宣传力度，促进水产品质量安全法律、法规贯彻落实，积极向广大渔民进行宣传，让广大水产品生产者、经营者充分认识到水产品质量安全的重要性以及如何保障水产品质量安全；二是加强监督管理，加强水产养殖用药管理，施用药物的水产品在休药期内不得鳙鱼人类食品消费，原料药不得直接用于水产养殖；在限制养殖区不得施肥以及投放饵料，在适宜养殖区禁止使用无产品质量标准、无质量检验合格证、无生产许可证和产品批准文号的饲料，饲料添加剂不得直接添加兽药和其他禁用药品。三是加强鱼病防治体系建设，实现市—乡镇两级建立鱼病防治站。

四、乡土特色产业

随着社会发展、社会分化日益显著，地域特征鲜明、乡土气息浓厚的小众类、多样性的乡土特色产业在未来乡村产业中占有重要地位。

（一）工作思路

东海县水晶产业的发展重点是通过技术创新机制创新保证水晶产业在全

世界的龙头地位，加强水晶产品设计制造销售等全产业链人才培养，强化水晶产业与东海版画等产业融合，提升东海水晶的文化内涵，开展水晶加工设备（机器人）开发研究，提升加工水平，应用自媒体等多种方式方法宣传推介东海水晶，全方位提升东海水晶的全球竞争力。

东海水晶产业要以水晶产业园、水晶博物馆、水晶交易中心为主体打造牛山镇水晶小镇，培育曲阳水晶小镇，形成双子座水晶小镇。

（二）重点实施工程

（1）组建东海县水晶产业发展办公室（有限公司）。统筹长远规划东海县水晶产业发展、产业布局，制定产业发展政策，强化与国内外水晶产业（珠宝行业）的国际合作，加强东海水晶产业发展市场监督、质量监督，扶持水晶全产业链企业集群发展，全力打造东海水晶品牌，保持东海水晶产业的国际领先地位。

（2）以县中等专业学校水晶雕刻班为主体，提升东海水晶文化内涵。积极引进国内外水晶产品设计、制作等高端人才，尤其是国际高端人才，通过大班教学、师傅带徒弟等多种方式，增强东海水晶制品创意设计、制作等文化内涵，提高产品附加值。每2年开展1次东海水晶国际创新设计制作大奖赛，整体提升东海水晶产品设计水平，培养出自己的具有国际水平的工艺大师3~5名。

（3）开展水晶制作机械设备研究。东海县水晶产品制作目前仍然以小农户、小作坊手工制作为主，粉尘、噪声污染较为严重，应根据现代科学技术发展趋势，研发水晶制作机器人（数码控制设备）等。

（4）培育曲阳水晶小镇。在已有的牛山镇水晶小镇同时，培育曲阳水晶小镇，形成双子座水晶小镇，牛山镇水晶小镇定位是汇集知名创意设计公司、水晶师工作室、国际品牌营销公司和水晶企业设计总部以及具有生态居住、文旅等功能，曲阳水晶小镇则以中端、大众化产品的设计、加工制作为主。

（5）培育水晶规模经营企业集群。东海县水晶产业发展需要转型升级，培育具有国际影响力的产业企业集群，涉及水晶制品设计、制作、营销、会展等，以及水晶机械设备制造、人才培养、物流等关联产业发展。未来提升和培育3~5家具有国际影响力的水晶企业集群。

五、乡村新型服务业

(一) 发展思路

基本实现 4G 全覆盖,推广应用 5G,积极建设具有地方特色的农村电商服务体系,引导东海县邮政公司和村淘网络科技有限公司在全县构建农村电子商务服务体系及支撑体系,推进集"平台建设、团队打造、运营支撑、品牌推广"于一体的东海县农村电商服务中心功能建设。

(二) 重点实施工程

1. 构建新型生产社会化服务体系

积极培育经营性服务组织。制定扶持经营性服务组织的政策,鼓励集体经济组织、农民专业合作社、龙头企业、专业化农业服务公司、专业化服务队、农民经纪人等参与农业社会化服务。采取设立专项资金、以奖代补等方式,对农业经营性服务组织在农产品信息服务、生产服务设施、生产作业服务、提升耕地质量、种苗培育、测土配方施肥、有害生物专业化防治、运销贮藏、农产品质量溯源体系等方面的投入给予支持。健全各类服务组织,构建便捷服务机制;积极推广"专业化服务公司+合作社+专业大户""村集体经济组织+专业化服务队+农户""农资连锁企业+农技专家+农户"等多种服务模式。到 2025 年,培育专业化服务组织 300 个以上,实现农业行政村基本全覆盖。

发挥供销合作社综合服务优势。推动供销合作社与新型农业经营主体有效对接,培育大型农产品加工、流通企业,拓展供销合作社经营领域。建立健全供销合作社经营网络,支持流通方式和业态创新,着力建设村级综合服务平台、网上供销社服务平台和农业物联网社会化服务平台。全县每年领办参办现代农业综合服务中心 3~5 个,一二三产业融合发展综合体 10 个;到 2025 年,以土地托管为重点的农业社会化服务面积力争达到 1.3 万 hm^2。

2. 实施"数字乡村"工程

针对信息化技术的快速发展,大幅提升东海乡村信息基础设施建设水平。加强信息基础设施共建共享,加快农村宽带通信网、移动互联网、数字电视网和下一代互联网发展。推进乡村地区广播电视基础设施建设和升级改造,到 2025 年,全县农村地区光网乡村全面建成,光纤到户实现全覆盖,宽带接入能力达到 1 000Mbit,宽带平均接入速率达到 100Mbit/s,家庭宽带普及率达到 80%以上。引进开发适应"三农"特点的信息终端、技术产品、移动互联网应用(APP)软件,加快推广云计算、大数据、物联网、人工智能在东海乡村产业生产经营管理中的运用，促进新一代信息技术与种植业、种业、畜牧业、渔业、农产品加工业、农业休闲与乡村旅游全面深度融合应用，打造科技农业、智慧农业、品牌农业。

3. 农村电子商务体系建设

电子商务是网络化的新型经济活动，已广泛渗透到生产、流通、消费及民生等领域，触发了社会经济生活全方位的深刻变革，农村电子商务将成为东海县消费增长的新引擎。

（1）完善农村电子商务服务体系。在完善农村网络基础设施的前提下，充分利用"益农信息社"、村邮站、连锁商店、村民活动中心等资源，加快提升已建农村电商服务站的服务功能的辐射力度，充分发挥已建服务站的功能，形成县级电子商务公共服务中心—乡镇（街道）电子商务服务分中心—村（社区）服务点三级电子商务运营服务布局，为农民提供信息咨询、代卖代购等服务，构建"农资下乡，农产品进城"双向商贸流通网络体系。充分利用交通、商贸、农业、供销、邮政等部门和电商企业在农村现有渠道，建立健全农村物流配送服务网络和电商设施共享衔接机制，支持多站合一、服务同网，推动资源整合、重心下移到村，聚力推动县、乡、村三级物流配送体系建设。结合农村电子商务服务网点建设，推广银行卡助农服务，大力推广网上支付、手机支付等支付方式，建立健全农村地区网络支付服务体系。

（2）实施"互联网+"农产品出村进城工程。深入挖掘东海大米、黄川草莓、双店鲜切花、青湖甜瓜、石梁河葡萄等特色优势农产品资源，引入专业团队开展产品包装策划，以网络销售为突破，带动农业产业结构优化升级。积极推进涉农流通龙头企业、农产品批发市场、配送中心和农资流通企业等整合线上线下渠道，开展农资、特色农产品电子商务，强化第三方支付、物流配送、营销策划、大数据分析等交易服务功能，为优质农产品网上营销开辟新途径。联合组织电商平台企业开展产销对接活动，重点推动"三品一标"特色农产品优势区产品上网销售。

（3）农村电子商务人才培养。建立与中国国际电子商务中心培训学院、淘宝大学、京东商学院等知名电子商务人才培训机构的紧密合作关系，形成由政府、协会、企业、培训机构、高校院所为主体的电商人才培训服务体系。面向党政机关开展电子商务知识专项培训，提高政府对行业的理解和管理能力；强化实训基地建设，鼓励电商企业与东海大中专院校、东海大学生创业园等开展合作，共建电子商务人才培养基地及实训基地，探索实训式电子商务人才培养模式。

（4）农村电子商务信用体系建设。以"网络监管"工程为载体，推进农村电子商务信用体系建设，探索网络交易消费维权工作的监管手段，健全网络监管跨区域、跨部门内外联动机制，督促网络交易平台和网络商品经营者履行法定义务。不断拓展网络执法办案领域，开展微博、微信等新领域监管，将监管延伸到实体店，实现线上、实体统一监管查处。建立网络交易主体信用档案，完善网络经营信用信息评级公示制度，对网络商品经营者和网络服务经营者实时进行监管，推进网络可信交易环境。支持第三方信用评估服务机构发展，推动信用调查、信用评估、信用担保等第三方信用服务和产品在电子商务中的推广应用，扩大信用评价在电子商务领域的影响力。

第四节　产业经营体系建设

在坚持家庭承包经营的基础上，通过推进体制机制创新，巩固和完善农村基本经营制度，不断推进农村土地经营权的自由流转，加快培育新型农业经营主体，因地制宜发展多种形式的适度规模经营，创新农业经营方式，发展农业产前、产中、产后各环节作业的社会化服务体系。加快培育和构建以小农户集约化生产、新型经营主体规模化经营和农业社会化服务为特征的新型农业经营体系。

一、培育壮大新型农业经营主体

在坚持家庭承包经营基础上，发展多形式农业适度规模经营。推动农民土地承包经营权通过转包、出租、互换、转让、股份合作等形式流向家庭农场、农民专业合作社、农业全产业链产业集群等新型农业经营主体，每年新增土地流转面积不少于 7 000hm²；根据区域资源禀赋和经济发展水平，因地制宜发展以农户为主体的农业适度规模经营，鼓励和支持土地承包经营权流转、股份合作、全托管经营、联耕联种等多种规模经营形式，到 2025 年，农业适度规模经营比例达到 80%。

大力培育家庭农场和专业大户。按照"生产有规模、产品有标牌、经营有场地、设施有配套、管理有制度"的要求，开展专业大户、家庭农场的认定。对认定的家庭农场和专业大户，实行奖励扶持政策。加强对家庭农场、专业大户财务收支、成本收益核算和生产经营的指导，提高市场竞争力。力争 3 年时间，建成县级家庭农场合作示范区及农村一二三产业融合发展联合体各 3 个，每年新培育示范家庭农场 20 家。

促进农民专业合作社规范发展及成立农业合作社联社。深入推进示范社建设行动，促进合作社规范化建设。面对东海县已有农业合作社 1 888 个的实际情况，坚持以规范为主、质量为主，支持引导专业合作社做实做大做强，不断增强自身实力、带动能力和发展活力。按照东海县"五有五规范"示范社创建标准，对各级示范社开展运行监测、动态管理。所有涉农项目和优惠政策，重点向进入名录的示范社倾斜。到 2025 年，县级以上示范社占比达到 40%。鼓励相关专业合作社开展联合成立农业合作社联社，如粮食种植专业合作社与植保合作社、农机合作社等进行联合，实现优势互补、取长补短。

培育农业全产业链企业集群。以龙头企业为主体，鼓励龙头企业采取订单农业、设立风险资金、利润返还、为农户承贷承还和信贷担保等多种形式，建立与农户、农民专业合作社间利益共享、风险共担的利益联结机制，引导龙头企业创办或领办各类专业合作组织，实现龙头企业与农民专业合作社深度融合。支持龙头企业为生产基地农户提供农资供应、农机作业、技术指导、疫病防治、市场信息、产品营销等各类服务。支持龙头企业兼并重组，组建大型企业集团。鼓励龙头企业发展农产品精深加工，延长产业链条，提高产品附加值。到 2025 年，全县省级以上农业全产业链集群达到 15 个。

二、扶持小农户对接现代产业

促进小农户生产和现代农业发展有机衔接。禀赋条件决定了小农户必将长期存续，按照服务小农户、提高小农户、富裕小农户的要求，加快构建扶持小农户发展的政策体系，强化公共基础设施建设，改善小农户生产设施条件，提高个体农户抵御自然风险能力。要加大财政投入，整合培训资源，以小农户为重点开展农业实用技术培训，加快培育一批爱农业、懂技术，善经营的新型职业农民和农村实用人才队伍，加强小农内在成长能力。按照"主体多元化、运行市场化、服务专业化"要求，建立完善多层次、多主体、立体化的社会服务网络，强化链接建设，为小农生产提供周到便捷的服务，增强联农带农富农能力。

建立多形式利益联结机制。鼓励新型经营主体与小农户建立契约型、股权型利益联结机制，带动小农户专业化生产，促进小农户生产与现代农业生产有机衔接，提高小农户自我发展能力。创新发展订单农业，引导支持企业在平等互利基础上，与农户、家庭农场、农民合作社签订购销合同、提供贷款担保、资助农户参加农业保险，鼓励农产品产销合作，建立技术开发、生产标准和质量追溯体系，打造联合品牌，实现利益共享。鼓励发展农民股份合作，加快推进将集体经营性资产折股量化到农户，探索全县不同区域的农用地基准地价评估，为农户土地入股或流转提供依据，探索形成以农民土地经营权入股的利润分配机制。强化企业社会责任，鼓励引导从事产业融合的工商企业优先聘用流转出土地的农民，提供技能培训、就业岗位和社会保障，辐射带动农户扩大生产经营规模、提高管理水平，强化龙头企业联农带农激励机制。

三、全面提升农业外向型经营水平

加快推进东海县国际农业合作示范区建设，打造"一站六区"格局，即中国农业科学院东海试验站、薄壳山核桃种植区、优质葡萄种植区、花卉种植与组培区、草莓种植区、火龙果种植区和蓝莓种植区，推进双店与荷兰的国家合作。加大全县农产品出口示范区、示范基地建设力度，围绕园艺、特色粮油、优质水果、水产品等出口支柱产业，建设一批外向化、规模化、标准化、规范化的出口农产品示范基地，提高出口基地的建设水平和基地规模，促进农民增收。到2025年，争取新认定省级以上出口农产品示范基地5个。培植壮大农产品出口龙头企业建设，积极开拓农产品国际市场，组织出口企业加强农业国际交流和参加境外促销活动，开拓农产品国际市场，形成多元化出口格局。到2025年，出口额千万美元以上企业数量达到20家，出口总额达到2.5亿美元。加快农业"走出去"步伐，组织有实力、有意愿、有优势的企业赴境外投资。筛选储备一批适合"走出去"的项目，培育一批有"走出去"意向的企业，抓好一批农业"走出去"的典型，扶持一批农业国际合作示范项目。到2025年，农业对外投资总额达到0.5亿美元。

四、加大农产品品牌培育力度

结合绿色农产品、绿色食品、有机食品认证和地理标志农产品保护，加强农业品牌培育，引导推进品牌创建和整合，着力打造一批有影响力、有文化内涵的优质农产品区域公共品牌。借助"连天下"品牌体系，全力打造"东海"品牌体系，建立"东海"全品类农产品品牌目录库，开展市知名商标、省著名商标、驰名商标梯级培育。推进品牌诚信体系建设，依托互联网技术，打造"东海"农产品质量安全追溯管理系统，形成三级质量安全监管体系，鼓励现代农业园区、农业企业、合作社使用"东海"品牌，倾力打造线上线下平台，融合多渠道带动"东海"农产品销售。发挥重点企业示范作用，利用境内外知名展会平台，加强对省级农产品重点培育和发展的国际知名品牌进行宣传推介，提高全县农产品自主品牌的知名度、美誉度。紧紧围绕创建国家农产品质量安全县目标，全面实施农业标准化生产，完善主导农产品生产操作规程，开展园艺标准园、生态健康养殖示范场创建工作，到2025年，累计制（修）订约10个有关农产品生产、加工包装、质量控制等技术规程，实现标准入户率达100%。顺应农产品绿色、健康消费需求，鼓励农业生产经营主体参与绿色食品、有机食品、农产品地理标志等绿色优质农产品品牌认证，依法加强对标志使用的管理和保护，到2025年绿色优质农产品占比达到60%。

第六章 科技支撑产业模式

科学技术是乡村振兴的源动力。加快农业科技进步，提高东海县农业科技自主创新水平、成果转化水平，为东海县乡村振兴提供新空间、增添新动能。

第一节 组建乡村振兴协同创新研究院

2010年，中国农业科学院与东海县签署合作协议，建设中国农业科学院东海农业综合试验站，这是中国农业科学院在华东地区建设的唯一试验站。目前，建成了3 000m²水稻、花卉、蔬菜、果树、猪育种5个研究室，引进中国农业科学院研究员以上专家担任各研究室主任，建成了较为完整的科研试验平台。建设了农业创新展示厅、植物工厂，组培中心等设施，集中展示农业发展最新技术成果；已建成智慧农业展示示范园1个，水稻绿色高效生产技术示范基地2个，设施蔬菜智能高效技术及病害综合防治集成示范点6个，草莓核心示范基地2个；共引进示范推广新品种244个，示范推广新技术49项；培训农技人员及农户超过2 000人次，为东海县现代农业发展做出了较大贡献。

南京农业大学、南京林业大学、扬州大学等知名高校，还有江苏省农业科学院、连云港市农业科学院等科研院所均在东海县有科技合作，南京农业大学还与东海县签署了合作共建南京农业大学东海校区框架协议，这些都为东海县乡村振兴提供了强有力的智力支持。

在中国农业科学院东海农业综合试验站的基础上，联合南京农业大学、南京林业大学、扬州大学、上海交通大学、江苏省农业科学院、连云港市农业科学院等科研院所组建东海乡村振兴协同创新研究院，整合连云港国家农业科技园区、江苏东海智慧农业展示示范园等平台，建设乡村产业创新集成中心。

产业创新集成中心主要包括粮食产业创新集成中心、东海老淮猪创新集成中心、蔬菜产业及特色产业（花卉、草莓）产业创新集成中心和国家级绿色农产品加工工程技术分中心等。同时，创新集成中心秉承开放式资源共享的运行模式，为进入东海县的国内外科研单位、农业院校、农资企业提供分析检测服务平台。

一、东海县粮食产业创新集成中心

东海县作为我国粮食生产大县，在保障粮食安全中具有重要作用。围绕水稻、小麦等主要粮食作物，整合区域科技资源，与中国农业科学院水稻研究所、中国农业科学院作物科学研究所、南京农业大学、扬州大学和江苏省农业科学院等科研机构合作，创新院地合作新模式，构建以产业为主导、企业为主体、基地为依托、产学研相结合、育繁推一体化的现代种业体系，满足东海县农业种植结构调整的需求。

二、东海老淮猪创新集成中心

以东海县种猪场为主，对东海县传统的生猪养殖业进行升级改造、培育新的增长点。整合全国人才和技术资源，重点进行良种繁育、粪污资源化利用、绿色生态养殖、老淮猪食品精深加工等全产业链各重点环节的应用研究，打造中国高端猪肉食品第一品牌。

三、特色产业创新集成中心

东海县西红柿、东海草莓、东海石梁河葡萄、双店百合等产业地方特色优势明显。蔬菜产业及特色产业研发推广中心以企业为主，围绕蔬菜、花卉、林果等产业，重点开展种质资源保存与新品种选育和引进驯化、水肥资源高效利用、病虫害绿色防控、轻简化栽培技术、农业机械化生产技术等方面的研究。将蔬菜及特色种植业研究中心发展成为地方特色品种种质资源保存、选育、栽培、加工等高地，为特色产业发展提供技术支撑。

四、国家级绿色农产品加工工程技术分中心

由东海县人民政府与中国农业科学院农产品加工研究所合作建设国家级绿色农产品加工工程技术分中心，研究解决绿色农产品加工发展中关键性和方向性的重大科技问题，以农产品精深加工、质量安全、综合利用和节能减排为重点，突破农产品加工各领域急需引进、攻关、推广的技术瓶颈，加强

高效、节能、安全和提质的新型技术与装备的研发和推广应用，并为农产品产地初加工技术的引进、研发、储备、筛选和示范推广提供技术支撑。充分发挥其科技创新、集成、示范和辐射作用，带动农产品产地由资源经济向产业经济升级。

第二节　成立乡村振兴讲习所

乡村振兴发展需要大量掌握和应用现代农业科技成果的人才，同时也需要大量的生产经营管理人才，过去的那种单靠经验进行生产管理的发展经营模式已经不能适应乡村振兴的需要，迫切要求建立较为完善的乡村振兴应用技术人才培训体系。

在中国农业科学院研究生院的协助下，以政府构建的县乡两级农业职业中学、农干校、农广校为主体组建乡村振兴讲习所，采取开办技术培训班和利用信息网络资源开办远程教学网络班方式进行乡村振兴全方位培训。实施乡村产业"职业素质与能力提升计划"和"新生代农民工职业技能提升计划"，重点开展以提高农业劳动者综合素质和依据产业发展需求培养的种养业专职能手、农机（无人机）操作专职能手、新型经营主体、能工巧匠、智能化产业管理和农村电子商务等职业技术培训、农业经营管理知识培训、法律知识培训、农业政策培训等，培育一批产业发展人才、农村治理专业人才和乡土文化人才，发展壮大一支爱农业、懂技术、善经营的农村实用人才队伍。大力推行"1+5+N"名师带徒培育新模式，即1个名师结对帮扶5个徒弟，带动周边农户产业发展。对新型职业农民学员进行定期走访、技术指导、信息服务、项目扶持和微信群在线指导等服务措施。各主体建设的培训场所要安装现代化教学培训设备，如电脑、互联网、多媒体投影仪和农民生活服务配套设施。建设乡村产业技能培训人员大数据库，详细记录培训人员参与培训的时间、课程内容（所学技能）和培训反馈意见等，及时调整培训策略。

第三节　建设产业技术试验示范基地

围绕5个产业板块，10个重点产品，在三大产业带上的乡村产业基础发展好的地点，建设产业创新集成中心，源源不断地为产业兴旺提供新技术、新设备、新品种，也为乡村产业技术示范提供参观学习和人才培训。

一、现代粮食产业试验示范基地

（一）水稻新品种引进试验功能区

在平明镇建立优质高产水稻新品种引进试验小区，规划面积 30.0hm²。建立水稻新品种引种观察圃 3.0hm²，引进高档优质水稻品种 10 个；建设相关品种原种繁殖圃 27.0hm²。主要建设内容：分别针对高档优质香稻、优质高产粳稻、优质高产糯稻新品种及杂交稻制种品种（组合），建设引种观察圃、新品种品比示范圃、原种繁殖圃、观赏图案设计展示圃、品种（组合）制种示范圃。主要建设水利系统、道路系统、考种标本展示室及附属设施设备。重点引进高档优质水稻品种；引进适合发展农业观光景区，具有聚客力及商品价值的观赏稻品种、引进优质高产杂交稻品种及制种技术。

水稻绿色种植技术集成示范功能区：通过优良品种（组合）与高产、高效的生产技术的集成与示范，制定相应的生产技术规范和标准，提高优质水稻、观赏性及杂交稻制种标准化生产技术水平，带动周边水稻产业的发展。规划地点为平明镇。

（二）小麦新品种引进试验功能区

规划地点为石榴街道；规划面积 10.0hm²。主要建设内容为建设引种观察圃、新品种品比示范圃、原种繁殖圃、观赏图案设计展示圃、品种（组合）制种示范圃。主要建设水利系统、道路系统、考种标本展示室及附属设施设备。

（三）小麦绿色种植技术集成示范功能区

规划地点为石榴街道、双店镇；在试验功能区表现最优秀的新品种，结合高产高效机收栽培技术进行标准化示范种植，为东海县小麦大面积生产以及发展环境友好的稻麦轮作种植模式提供技术支持。

二、畜禽养殖产业试验示范基地

（一）畜禽新品种引进试验功能区

在东海县种猪场建立老淮猪高效生态养殖示范小区 1 个，小区规划面积 3.0hm²；在洪庄镇建立生猪高效生态养殖示范小区 1 个，小区规划面积 3.0hm²，引进地方优质特色品种 2 个；在李埝乡建立奶牛高效生态养殖示范小区 1 个，小区规划面积 1.0hm²。在白塔埠镇建立家禽高效生态养殖示范小区 1 个，小区规划面积 3.0hm²。

（二）畜禽绿色养殖技术集成示范基地

按照"种养结合、适度规模、生态循环、绿色发展"理念，坚持发展种养结合循环经济发展模式不动摇。规划地点：生猪绿色养殖技术集成创新分中心以布局在青湖、曲阳、石梁河等乡镇，规划面积 $6.0hm^2$；奶牛绿色养殖技术集成创新分中心布局在李埝乡，规划面积 $3.0hm^2$；家禽绿色养殖技术集成创新分中心布局在白塔埠、驼峰、桃林等乡镇，规划面积 $6.0hm^2$。

三、特色种植业试验示范基地

（一）蔬菜新品种引进试验功能区

规划面积 $3.0hm^2$，规划地点在桃林镇现代农业示范区和安峰镇。主要引进番茄、甜瓜等作物新品种。主要建设内容：保护地栽培设施，主要为标准化设施大棚。

（二）蔬菜绿色种植技术集成示范基地

采用"专业合作社+基地+农户"的形式，进行蔬菜标准化生产，提高农民的组织化程度，增加菜农收入。以桃林镇、石榴街道、安峰镇、房山镇等为主，规划面积 $70.0hm^2$。其中，茄果类蔬菜示范区规划面积 $30.0hm^2$，示范品种：番茄、茄子、辣椒和甜椒。瓜类蔬菜示范区面积 $30.0hm^2$，示范品种：西甜瓜、黄瓜。食用菌示范区面积 $10.0hm^2$，示范品种：平菇、蘑菇、杏鲍菇。示范展示蔬菜品种、工厂化育苗、工厂化生产、节水灌溉、水肥一体化、病虫害绿色防控、智能化管理技术等绿色生产技术。

（三）特色种植业新品种引进试验功能区

在黄川镇建立草莓种植示范小区 2 个，引进定植品种 8~10 个，占地 $3.0hm^2$；在双店镇建立花卉高效种植示范小区 2 个，规划面积 $5.0hm^2$，引进百合及其他鲜切花品种。在石梁河镇、东海高新技术开发区建立葡萄高效种植示范小区 2 个，规划面积 $5.0hm^2$，引进葡萄新品种 20~30 个。

（四）特色种植业种植技术集成创新示范基地

按照"品牌化、生态化、规模化"理念，坚持发展特色种植业，适当规模发展特色种植业。规划地点在黄川镇，建设优质草莓绿色种植技术集成创新基地 1 个，基地规模 $5.0hm^2$；在双店镇建设优质鲜切花绿色种植技术集成示范基地 1 个，基地规模 $10.0hm^2$；在石梁河镇建设优质葡萄绿色种植技术集成示范基地 1 个，基地规模 $5.0hm^2$；在李埝镇建设优质蓝莓绿色种植技术集成示范基地 1 个，基地规模 $3.0hm^2$。

第四节　现代农业科技成果展示交易中心

一、现代农业科技成果展示中心

依托中国农业科学院东海乡村振兴协同创新研究院，设立专门的农业科技展示中心，展示蔬菜工厂化育苗、组织培养技术、水肥一体化技术、植物工厂技术等新技术、新品种和新产品等，规划占地面积约 6.0hm²。在新牛—东郊公路沿线，选择 5km 路段两侧（一侧）50m 建设花卉种植产业带，在 267 省道沿线，选择 5~10km 路段两侧（一侧）50m 建设稻麦轮作种植示范带，带内无村庄和居民点。

二、乡村产业发展科技成果交易中心

依托东海县政务服务中心，创建东海县现代农业科技成果交易中心（所）及相应网站，设信息中心以提供技术需求信息、技术转让信息、技术成果展示；设技术交易中心以提供技术评估、技术洽谈服务；设服务中心以提供技术合同签订服务、人才智力交流服务和科技政策服务；吸引连云港市、江苏省、全国、全世界的农业科研成果到此进行交易，促进东海县乡村产业的整体科技水平迅速提升。

第五节　建设智慧农业科技园区

一、农业大数据服务与处理中心

整合农业农村部门历史数据信息资源，汇聚农户和新型生产经营主体大数据、地块大数据、重要农业种质资源大数据、农村宅基地大数据，气象大数据，病虫害大数据，建设统一的数据汇聚整理和分析决策平台，实现数据监测预警、决策辅助、展示共享，为东海农业农村发展提供数据支撑。

与中国农业科学院农业资源与农业区划研究所合作建设东海县农情监测与分析中心，及时监测东海县农作物种植情况、生长发育、自然灾害发生、土壤墒情等信息，为农业生产提供决策服务。

二、江苏东海智慧农业展示示范园

建设 1 个智慧农业核心示范园区和 4 个智慧农业生产示范基地。依托东海县正在建设的智慧农业示范园建设江苏东海智慧农业展示示范园。该示范区要求实现对小区域尺度的信息采集、监控以及点位尺度的风速风向、太阳辐射、空气温度、空气湿度、土壤温度、土壤水分、图像视频，并借助于人工智能系统，实现示范区内全自动生产管理；同时在该园区专门设置智慧农业设备展示园区，展示智慧农业新技术、新产品。

在平明镇建设粮食作物智慧生产示范基地、桃林镇建设设施蔬菜智慧生产示范基地、石梁河镇建设智慧畜禽养殖生产基地以及双店建设花卉智能生产示范基地等 4 个示范基地，每个示范基地都实现信息自动采集、自动处理等。

第六节　成立国际农业合作交流中心

一、国际农业农村合作交流中心

选择在欧亚大陆桥的桥头堡连云港市的农业主产区东海县，依托乡村振兴协同创新研究院，采用特殊优惠政策，通过国际交流中心吸引国内外精英为东海县农业农村发展提供智力支持等。国际交流中心应该具备以下功能：外事服务功能，主要协助办理护照、签证等事宜；国际合作功能，主要进行国际项目合作，尤其是大科学、大工程的合作；承办国内外农业农村科技管理人员引进、交流、咨询服务等。

二、国际农业合作园区

依托现代农业科技成果展示中心，设立专门的国际农业成果展览园区，展示世界各个国家在新产品、新品种、新技术等领域取得的最新科研成果、乡村管理经验，为东海县乡村产业发展、乡村宜居、治理有效等提供经验、指明方向。

第七节 产业发展科技支撑行动

一、粮食产业

（一）产业发展瓶颈分析

粮食是我国重要的战略商品，东海是中国农业综合实力百强县，优质粮食生产基地县，粮食产业是其重要的基础产业。虽然近年来东海县粮食生产稳步发展，粮食作物种植面积 2010—2017 年从 229.4 万亩增至 243.7 万亩，单产从 454.0kg/亩增至 478.6kg/亩，总产从 104.2 万 t 增至 116.6 万 t，其种植面积、单产和总产分别提高了 6.2%、5.4% 和 12.0%，但随着近两年国家倡导农业绿色生产，粮食由高产向提质转型，及粮食最低保护价收购价格下调和农业生产成本增加，农民或粮食生产主体的种粮积极性下降，粮食产业发展面面临着以下问题。

1. 适合东海生产的优质粮食作物品种缺乏

前些年，受国家水稻保护价收购政策影响，大多数种植户片面追求高产，忽视了优质稻种植，导致部分品种品质差和口感差，加快稻米品种结构调整，提高水稻品质，为打造东海优质大米品牌提供保障迫在眉睫。但由于水稻品种有较强的区域性，适合东海县区域种植且产量高的优质稻特色品种较少，如像黑龙江五常的'稻花香 2 号'（'五优稻 4 号'），云南遮放的'滇屯 502'等，另外，早期引入的优质常规粳稻品种，存在着香味、米质退化等问题，也制约着东海高端大米品牌开发及优质稻米产业发展。

2. 优质稻栽培技术不配套，机械化生产程度低

东海粮食作物生产主要以稻麦两熟制种植为主，两季作物生产生育期紧张，而目前东海县水稻种植方式以直播为主，需在小麦收获后才能直播水稻种子，与传统移栽水稻比较，只能直播一些生育期较短的普通水稻品种；而绝大多数优质稻品种生育期长，如'南粳 9108'等，必须需要通过育秧环节提早播种和移栽，才能在东海种植。同时现有的水稻种植模式和技术滞后，机械化程度低，根据统计数据，2017 年东海县拥有的插秧机 1 460 台，其中乘坐式高速插秧机的比例不到 30%，为 420 台，全县水稻工厂化育秧设备 69 套，插秧机利用率低，水稻机械化育插秧比例偏低；全县水稻直播机仅为 50 台，机械化直播的比例较少，水稻生产成本高；另外，粮食生产环节肥料施用量大，以速效肥为主，缓控释肥应用少，肥料流失严重；全县农药使用量从 2010 年的 1 352t 至 2017 年达 1 530t，增加了 13.2%，明显高于同期粮食作物种植面积 6.2% 的增速，栽培技术不配套等问题不利于东海粮食产业可持续绿色高效生产。

3. 稻米产后加工技术发展滞后，缺少精深加工

在国家近年来持续下调粮食最低保护价收购价格的大环境下，规范作物标准化生产，延长产业链，产加销结合，是提高粮食产业利润空间的途径。近年来，东海依托稻米生产资源优势和政策导向，成功引进和发展了多家稻米及副产品加工企业，为加快东海稻米产业化进程起到了极大的推动作用。但多数东海稻米加工创业仍以稻米初加工为主，从事稻米精深加工的企业较少，大米加工企业的产业链短，受市场价格制约大，净利润低；同时，加工环节普遍存在着产后加工技术不到位等问题，合理的产后加工技术，对稻米食味品质和口感有重要影响，稻米加工企业低温烘干、低温储藏等技术装备缺乏，制约着东海县优质稻米产业的可持续高质量发展。

（二）产业发展对科技需求分析

通过实施东海乡村振兴战略，解决粮食产业发展的关键技术瓶颈，实现作物品种优质化、生产标准化、加工精深化、市场外向化、产品品牌化的有机结合，达到东海粮食"稳面积、增单产、提品质、增效益、塑品牌"的发展目标。粮食产业对科技需求从产前、产中和产后主要包括以下方面。

1. 优质作物品种

适合东海种植优质高抗高产小麦品种，以及食味品质和口感好的优质稻品种，表现在出糙率高、外观好看、垩白度小、透明度高、米饭柔软，市场认可度高；低升糖指数米、优异食用品质红米黑米、香味基因大米等特色品种。

2. 标准化生产技术

包括水稻机械化高效育插秧、机直播、作物秸秆还田、高效施肥、病虫草管理、新型高效肥料和农药、作物生长信息采集等绿色高效技术、装备和产品，通过技术集成及模式创新，实现机械化生产，标准化作业，精准化栽培，社会化服务。

3. 产后先进加工技术

包括优质品种的机械化收获、稻谷烘干、储藏、碾米、精深加工、包装等技术装备，以提升稻麦的加工特性及食味品质，支撑品牌建设及产业发展。

（三）关键技术集成

围绕东海县乡村振兴及粮食产业发展目标任务，重点开展以下方面的工作。

1. 品种引进及筛选

针对东海优质稻米产业振兴存在着优质稻品种少，主导品种不突出等问题，开展优质稻品种引进试种，通过对品种生长特性、食味品质、产量、生育期、抗逆性等方面进行综合评价，筛选出适合东海种植的优质稻特色品种，为东海稻米品牌开发提供保障。

2. 绿色高效关键技术

（1）机械化高效种植技术。针对东海县水稻生产存在的问题及发展目标，引进叠盘出苗育秧模式、麻地膜育秧、钵毯苗机插、宽窄行大钵苗机插、机械精量穴直播等水稻全程机械化生产技术模式，破解优质稻机械种植技术瓶颈，实现节本高效增产。①叠盘出苗育秧技术。针对现有水稻机插育秧方法存在问题，创新的一种现代化水稻机插二段供秧新方法。通过一个智能叠盘出苗为核心的育秧中心，在育秧中心集中完成播种和出苗，而后将针状出苗秧连盘提供给育秧户，由不同育秧户在炼苗大棚或秧田等不同场所完成后续育秧过程，有利于促进社会化服务发展，推进机插技术应用和推广。叠盘出苗育秧应用秧苗质量好、育秧成本和风险降低、育供秧服务能力和供秧范围大等特点。2019 年农业农村部三大水稻主推技术之一。②钵毯苗机插技术。针对传统毯状秧苗机插存在问题，采用钵形毯状秧盘，秧苗的根大多数盘结在钵中，插秧机按钵苗取秧，实现根系带土插秧，伤秧和伤根率低，与传统毯状秧苗机插技术比较，秧苗断根率由 36.6% 下降到 20.1%，降低漏秧率和漂秧率，且插苗均匀，返青快。插秧机按钵定量取秧，实现了钵苗机插，提高解决了传统毯苗机插技术存在的机插取秧不均、伤秧严重、漏秧高等问题，比传统机插提早返青 4~7d，平均增产 5%~10%。技术连续多年列为我国水稻生产主推技术，在我国 20 余个省（市、区）示范推广，在黑龙江农垦逐步代替原来子盘育秧机插技术，目前在黑龙江、吉林、浙江、宁夏等地大面积推广应用。③麻地膜育秧技术。针对水稻机插育秧中存在易散秧散盘的问题，以麻等植物纤维为主要原料，研制的麻育秧膜产品及配套育秧技术，在黑龙江、吉林、湖南等 10 多个省试验示范，社会经济效益显著。育秧时将麻育秧膜平铺于秧盘底面，然后按照常规育秧规程装土育秧。所垫铺的麻育秧膜可辅助盘根，由于其良好的吸水、传导和透气性，可在育秧泥土底面形成一层适宜于秧苗根系生长发育的水–肥–气平衡环境，从而促进秧苗根系生长发育，提高秧苗素质，解决了机插中的散秧散盘问题，节省秧苗；显著提高了水稻机插效率和质量，降低漏插，节省补苗人工；机插后返青快，有效穗多，增产显著，总的说来，节本增效突出。④宽窄行大钵苗机插技术。针对杂交稻机插特点研发，主要特点：一是大钵育壮秧，通过设计研发 30cm×14cm 的大钵机插秧盘，应用种子气吸定量，秧盘及播种红外线定位，吸嘴防阻方法，槽式自流浇水等新技术，按钵精量播种，稀播培育壮秧；二是宽窄行机插，合作研发了宽窄行大钵插秧机，实现（33cm+17cm）宽窄行机插作业，有利于通风透光，改善水稻群体结构，提高水稻机插产量；三是大钵苗取秧机插，改进机插取秧装置，调节改善机插秧针，调节插秧机横向取秧量实现横向精确取秧，调节纵向取秧量，使取秧与钵大小对应，实现大钵苗机插，机插返青时间较传统育秧机插提早 5~7d，实现增产增效。⑤机械精量穴直播。针对人工撒直播水稻存在的生长无序、用种量大等问题，研发的穴播全苗、控释施肥、杂草防除、高产群体调控等技术，解决了人工撒直播存在的生长无序、用种量大、群体结构不合理等问题，实现杂交稻有序精量直播，高产稳产高效栽培。水稻精量机械直播技术解决了人工撒直播存在的问题，实现有序精量直播，有利于高产稳产高效栽培，大面积应用具有增产、省工、节肥、节水等优点，经济及社会效益显著。

（2）绿色高效施肥技术。围绕水稻绿色生产目标，根据优质稻生长营养需要及高产规律，开展机械侧深施肥技术、引进筛选缓释控释肥料、营养诊断推荐施肥技术、增密减氮技术等，结合节水好气增氧灌溉技术，实现了水稻肥水资源高效合理利用，推进绿色减肥增效。①机械侧深施肥技术。针对我国水稻生产施肥采用传统的撒施方法，在相同产量水平和种植方式的条件下，我国水稻生产氮肥用量较其他国家高 60%~80%，造成成本提高、资源浪费和环境污染。通过改进肥料类型及机插侧深施肥技术，提高肥料利用和生产效率，减少施肥次数，同时提高水稻产量。与传统水稻施肥方法比较，水稻机插侧深施肥技术具有省肥、省工、高产等优点，可减少氮肥施用量10%，提高肥料利用率 5%~8%，增产 5%~10%，是水稻绿色节肥增产增效的一项新技术。②增密减氮栽培技术。化肥农药减量使用成为今后水稻生产的重点研究方向之一，增加基本苗数是水稻优化群体结构的重要手段之一，通过增加有效穗来构建高产群体，有效弥补减氮所导致的产量损失。增密减氮技术是针对当前我国水稻生产中氮肥用量高，造成成本提高、资源浪费和环境污染，而插秧密度偏低、基本苗和有效穗数不足导致产量不高不稳等问题，研发适当增加基本苗、减少基蘖肥、稳定穗肥、侧深施肥等为核心的"增密减氮"栽培模式，既能增产又能增效，还可以减少对环境的污染，这对推进南方稻区氮肥零增长行动、促进农业可持续发展具有指导意义。③营养诊断推荐施肥。针对土壤测试指导农民施肥存在测试推荐不及时和成本高等难题，研创了水稻基于产量反应、农学效率和后期营养诊断的推荐施肥方法，结合后期稻叶测氮仪，进行实时叶片含氮测定及施肥引导，在保证水稻产量的前提下，可以减施氮磷肥量 16%~18%，提高氮肥利用约 10 个百分点。④节水好气增氧灌溉技术。针对传统水稻灌溉采用大水灌溉方法，灌溉用水量大、水资源利用率低，水稻生长期间采用淹水灌溉造成土壤还原状态，养分利用率降低，水稻根系发育不良，容易倒伏。在水稻好气灌溉等技术基础上创建的水稻节水好气增氧灌溉技术，研制了稻田定量灌排阀，实现水稻生产节水 20%，提高水稻产量。该技术通过稻田通气耕作增氧，水稻活棵分蘖期露田增氧，无效分蘖期多次轻搁田增氧，长穗和灌浆期干湿交替增氧，解决了秸秆还田等引起的僵苗，实现壮秆强根抗倒伏。

（3）病虫草绿色综合防控技术。当前水稻生产上病虫害发生种类多，防治难度大，常常因为难以把握合适的防治适期而影响防效，通过开展"三防两控"技术、"一浸两喷"病害防控技术、随插随用防草技术、免疫诱抗剂等病虫草绿色综合防控技术，通过这些关键技术创新，改变传统水稻病虫草害防控模式，建立了水稻病虫草害绿色防控技术体系。①"三防两控"技术。针对当前水稻生产上水稻病虫害发生种类多，防治难度大，常常因为难以把握合适的防治适期而影响防效。以优质高产栽培为目标，因地制宜采用抗性水稻品种、种植诱杀植物和显花植物、施用植物生长调节剂、实行健身栽培等非药剂控害技术的基础上，依据水稻病虫害的发生规律，结合水稻生产的特点，主抓水稻生产关键环节的病虫害防控，提出"三防两控"水稻全程病虫害轻简化绿色防治技术，减少本田用药量和用药次数，保护和培育天敌。②"一浸两喷"病害防控技术。针对稻曲病的发生不仅影响产量、品质，严重影响稻米安全。长期来，稻农对稻曲病的发生和防治缺少有效的控制方法，造成用药次数多、数量大，而效果差。"一浸两喷"病害防控技术以稻曲病为主要防治对象，兼治后期部分病虫害进行药剂组配进行浸种和打药，通过水稻叶枕平精准定时施药，提高防效。水稻生理指标"叶枕平"或"零叶枕距"即剑叶叶枕与倒 2 叶叶枕持平（剑叶为倒 1 叶）。本项技术具简便、高效、易掌握、易操作等特点，应用表明，该技术提高稻曲病防治效果，减少化学农药使用量 20%~30%，病虫害损失率控制在

3%～5%。③随插随用防草技术：我国机插水稻一般需要进行插前封闭除草、机械插秧、插后封闭除草、施用返青肥、分蘖肥等工序，提升和改进机械插秧和除草剂应用效率成为亟须解决的问题。机插秧田"随插随用"封闭除草控释颗粒剂以水稻田封闭除草剂的一种或一种以上混合物，与水稻返青肥分蘖肥混合作为主要成分与核心，外围采用具有控释性能的高分子材料包膜经造粒工艺加工研制而成。颗粒剂可在机械插秧同时施用，遇水后不会立即崩解，在机插后一定时间内除草剂与返青分蘖肥释放出来，达到封闭除草和促进返青生长的作用。④新型生物农药防控技术。基于植物免疫诱导原理创制生物农药的新模式，创制了抗植物病毒病的微生物免疫蛋白新农药。通过新型生物农药阿泰灵等浸种、喷施等，具有抗病增产作用，减少减轻水稻生长期间稻瘟病、纹枯病到稻曲病的病害发生，以不施用试验药剂为对照区，病害减轻效果达到 40%～80%，水稻增产 10%左右，减少化学农药使用20%～30%。

（4）优质稻米产后加工技术。以东海稻米加工企业为主体，引进国内外先进机械化收获、稻谷烘干、储藏、碾米、精深加工、包装等技术装备，提升加工稻米的食味品质。①稻谷低温烘干技术。稻谷快速烘干，易爆腰、过干燥和烘干不均匀等，影响加工品质，采用稻谷低温烘干技术，通过低温、大风量烘干等装备，烘干速度自动控制在 0.8%～1.0%/h，使用单颗粒自动水分仪，糙米水分 15%时自动停止，并及时测定水分分布，可防止爆腰、过干燥、烘干均匀，有利于提高稻米加工品质和食味，提高销售价格。②低温储藏技术。日本等国家将糙米保管在水分 15%以下，库内温度 15℃，相对湿度 60%～70%时，稻谷呼吸损耗、鲜度下降、食味下降少，加工的稻米品质容易保持；同时，虫害、霉害少，不需要用药剂进行熏蒸，安全放心；储藏管理容易，储藏和运输的容积效率高。③稻米适度加工技术。当前我国稻米加工普遍存在着过度碾磨，碎米多，适度加工技术通过白度检测进行加工精度的控制，通过检测碎米进行负荷的控制，通过米温检测进行流量调节和负荷的控制，可防止过度碾磨，防止碎米发生，同时抑制米温上升，保证稻米加工品质。

二、蔬菜产业

东海县 2017 年现有耕地 183.4 万亩，随着农业现代化的扎实推进，蔬菜（含瓜果）种植面积稳定在 50 万亩左右，其中以设施农业为主的高效农业发展增加，露地蔬菜面积持续减少。2015 年新增高效农业面积 8 万亩，包括设施农业新增面积 4 万亩左右；2016 年新增高效农业面积 8.1 万亩，其中设施农业新增面积 4.2 万亩左右，2017 年新增高效农业面积 6.2 万亩，包括设施农业新增面积 3.1 万亩左右，2018 年高效设施农业总面积达到 36.5 万亩，其中高效设施园艺面积比例达到 19.5%，农膜使用量达 2 600t。高效低毒低残留农药使用面积占比达到 82.5%。2017 年全县蔬菜播种面积 36 万亩，总产量 83.66 万 t，平均亩产量 2 320kg/亩，蔬菜总产值达 14.96 亿元。蔬菜种植主要分布在县城附近土壤肥沃排灌较好的石榴、安峰、桃林、房山、黄川、曲阳、白塔埠等乡镇，占全县总面积的 85%，设施蔬菜主要分布在桃林、黄川、白塔埠、驼峰、双店、洪庄等乡镇，主要种植蔬菜有番茄、甜椒、茄子、西葫芦等。

（一）产业发展瓶颈分析

蔬菜是农民增收的重要经济作物，发展设施蔬菜生产是高效农业发展的重要方向。虽然近年来东海县蔬菜播种面积有所减少，但设施农业种植面积增加到了 36.5 万亩，高效设施农业面积比例达到 19.5%。蔬菜栽培面积由 2010 年的 28.4 万亩增加到 2017 年的 36 万亩，蔬菜单产由 2010 年的 2 200kg/亩增至 2017 年的 2 323kg/亩，蔬菜总产量从 2010 年的 62 万 t 增加到 2017 年的 83.66 万 t，其种植面积、单产和总产分别提高了 26.8%、5.6% 和 34.9%，随着近两年国家倡导农业绿色生产，蔬菜由粗放生产向高效设施农业转型，及蔬菜价格波动和农业生产成本增加，农民的种菜积极性下降，蔬菜产业发展面临着降低成本、提高效益的问题，主要表现在以下几方面。

（1）适合东海生产的优质蔬菜作物品种缺乏。表现在番茄生产上，大多数种植户片面追求抗黄化曲叶病毒（TY）番茄品种栽培，忽视了优质番茄筛选，部分抗 TY 品种品质差和口感差，加快番茄品种更新调整，提高番茄营养品质，为打造东海优质番茄品牌提供保障迫在眉睫。但由于国外番茄品种抗性好、品质差而国内品种抗性差、品质优的矛盾，筛选适合东海县区域种植且抗性好品质优的番茄品种十分重要，可以考虑通过品种引进比较试验筛选综合性状优良的番茄品种，解决早期引入的番茄品种存在的抗性好、品质差等问题。

（2）优质蔬菜栽培技术不配套，栽培模式不优化。东海设施蔬菜生产主要以番茄、西葫芦为主，连年种植造成土壤连作障碍严重，根结线虫等土传病害频发，而目前东海县番茄种植方式以土壤栽培为主，根区环境差，番茄生长期短，肥药用量大，必须需要通过栽培技术创新来改善根区环境，优化栽培模式才能克服连作障碍，减少肥药使用，延长番茄采收期和提高蔬菜单产和生产效益。目前东海设施蔬菜栽培中种植模式和技术滞后，机械化程度低，每周人工打药2次以上，用工较多。蔬菜工厂化育苗比例不高，大多数蔬菜苗从外地调入，种苗价格高且来源没有保障；另外，蔬菜生产肥料施用量大，以速效肥为主，缓控释肥应用少，肥料流失严重；全县农药使用量从2010年的1 352t至2017年达1 530t，增加了13.2%，明显高于同期蔬菜单产5.6%的增速，栽培技术不规范等问题导致肥药用量居高不下，随着劳动力用工成本上升，蔬菜产量增长缓慢，使设施栽培比较效益不断下滑，影响了东海设施蔬菜产业的可持续绿色高效生产。

（3）设施蔬菜智能化技术发展滞后，蔬菜废弃物缺少资源化利用技术。在国家近年来持续发展设施蔬菜产业的大环境下，蔬菜价格稳中有降，规范蔬菜标准化生产，延长采收期，利用智能化管理减少人工消耗和资源浪费，通过节本增效和提高单产是实现蔬菜生产效益提高设施蔬菜产业利润空间的捷径。近年来，东海试验站在桃林北芹村依托物联网对温湿度和土壤水分进行自动化智能管理，成功实现了降低肥水量和节省用工，将秸秆堆腐后还田进行根区改良不仅改善了根区环境还解决了废弃物资源化利用问题，为加快东海设施蔬菜产业升级起到了极大的推动作用。但大多数东海设施蔬菜生产仍以传统栽培方式为主，受市场价格制约大，净利润低；同时，蔬菜生产环节中产生的菜秧废弃物普遍存在着乱堆乱放，资源化利用率低等问题，通过引入企业对废弃物合理堆肥的资源化利用技术，对东海县设施蔬菜优质高效可持续高质量发展具有重要意义。

（二）产业发展对科技需求分析

通过实施东海乡村振兴战略，解决蔬菜产业发展的关键技术瓶颈，实现蔬菜品种优质化、生产标准化、管理精准化、智能化、废弃物资源化和产品品牌化的有机结合，达到东海蔬菜"稳面积、增单产、降成本、提质增益"的发展目标。蔬菜产业对科技需求从产前、产中和产后主要包括以下技术。

（1）优质多抗蔬菜品种和规模化壮苗生产。适合东海种植优质高抗高产番茄品种及风味品质和口感好的长季节番茄品种，表现在外观好看、抗TY、果型整齐、色泽鲜艳，果实饱满、口感好等特色品种。通过专业化育苗培育长势整齐的工厂化幼苗。

（2）标准化生产技术。包括根区有机物质改良技术、作物秸秆堆腐还田技术、光温肥水气一体化智能管理技术、病虫害预警预防技术、新型肥药高效施用技术和设备、蔬菜产期预测技术、熊蜂授粉技术、植株高效吊放装备和产品,通过技术集成及模式创新,实现规范化生产,标准化作业,精准化施肥,社会化服务。

(3)产后包装技术和菜秧处理技术,包括优质番茄的及时收获、分级包装等技术装备,蔬菜绳秧快速分离和循环利用技术,支撑设施蔬菜可持续生产及循环利用产业化发展。

(三)蔬菜产业关键技术集成

围绕东海县乡村振兴及设施蔬菜产业发展目标任务,通过本项目的实施,以设施蔬菜新品种、新技术、新产品推广为重点,以日光温室为突破口,集成、示范、推广一批资源节约设施蔬菜高产优质栽培技术,在东海设施蔬菜主产区建立技术推广和培训基地,重点开展以下几方面工作。

1. 品种引进筛选及工厂化育苗技术

针对东海设施蔬菜产业振兴存在着优质番茄品种少,主导品种不突出等问题,开展设施蔬菜品种引进试种,通过对品种生长特性、食味品质、产量、生育期、抗逆性等方面进行综合评价,筛选出适合东海种植的优质设施蔬菜品种,为东海蔬菜优质高产提供保障。

研究水分和养分调亏、机械触摸以及生长调节剂等对苗期株型调控的作用,研发出蔬菜穴盘苗株型调控技术。

2. 蔬菜绿色高效栽培关键技术

(1)蔬菜根区改良的有机土种植技术。针对东海县蔬菜生产存在的土壤劣化等问题,研究限根隔膜与非限根栽培的差异,探明其对生长和水肥需求的差异,明确有机土栽培应用技术,提出优化配方和具体应用技术,破解设施蔬菜根区环境劣化的技术瓶颈,实现节本高效增产。①蔬菜 AMF 菌根苗增抗技术。利用蔬菜育苗时将共生微生物 AMF 接种到穴盘育苗基质中,比较它对不同蔬菜幼苗素质和抗病抗逆性的影响,提出蔬菜菌根苗增抗技术,推进菌根苗技术应用和推广。蔬菜菌根苗培育出的菜苗质量好、抗性强,降低育苗成本和风险,是 2012 年农业部轻简化主推技术之一。②蔬菜有机土修复技术。利用腐熟秸秆与腐熟有机肥按一定比例配制,利用蔬菜有机土栽培前后根际理化特性及微生物区系动态变化的研究,集成有机物地力修复栽培新技术。③土壤高温热水消毒技术。一种农用燃煤式设施土壤热水消毒设备具有设备成本低,操作简便,便于移动等特点,大大降低了应用成本,从而能充分利用热水消毒的优越性,实现设施土壤无公害消毒的低成本,促进设施蔬菜的可持续生产。采用此技术对土壤病虫害有显著的防治效果,甚至可对土壤深层部进行消毒,对土壤青枯病菌、土壤线虫及杂草种子可起到多重杀灭效果，对其他病虫害的发生也可起到有效的防治效果，节本增效突出，大面积应用具有增产、省工、节肥、节水等优点，经济及社会效益显著。④番茄周年长季节高产栽培技术。通过番茄品种筛选、光温水肥量化、病虫害防治、环境监控等单项技术指标研究，吸收国内外成功经验与先进技术，示范番茄周年长季节规范化高产栽培技术。应用后具有增产、省工、节肥、节水等优点，经济及社会效益显著。

（2）绿色高效智能化肥水施用技术。围绕番茄绿色生产目标，根据番茄生长营养需要及高产规律，开展肥水气一体化施用技术、引进筛选缓释控释肥料、营养诊断推荐施肥技术、增密减氮技术等，结合节水好气增氧灌溉技术，实现了水稻肥水资源高效合理利用，推进绿色减肥增效。①示范推广平衡施肥技术。针对我国蔬菜生产施肥采用传统的冲施方法，在相同产量水平和种植方式的条件下，我国蔬菜生产氮肥用量较其他国家高60%~80%，造成成本提高、资源浪费和环境污染。通过改进肥料类型及施肥技术，通过平衡施肥来提高肥料利用和生产效率，减少施肥次数，同时提高蔬菜产量。②示范推广基于物联网的肥水气一体化施用技术。随着设施农业技术的发展，首都设施园艺生产科技后劲不足、智能化水平低和农业用工多、设施肥水用量过大而产量水平偏低等问题严重影响了设施蔬菜的生产效益水平，利用传感技术实时获取温室蔬菜根区环境已经成功实现，基于物联网远程监测技术结合黄瓜不同发育期的水肥需求实现对肥水的智能化精量控制日益重要，结合蔬菜采收期营养需求结合肥水气一体化技术精确控制日光温室的水肥灌溉和温室气体等环境要素，利用蔬菜专家系统决策实现肥水气的优化管理是实现日光温室蔬菜高效生产和节水节劳的必由之路，这对推进设施农业可持续发展具有指导意义。③示范蔬菜栽培管理专家决策系统。将互联网技术与智能测控技术应用到日光温室，集成建立蔬菜光温是肥水气高效管理技术平台，提高设施蔬菜生产整体技术水平，提高蔬菜产品安全性及设施蔬菜生产效益。通过技术创新和集成示范，提升设施农业的现代化管理水平，利用信息技术实现设施农业向物联网智能农业的发展，在提高资源利用率的同时，使农民增收，为保障首都菜篮子安全供应提供现代科技支撑。施氮磷肥量16%~18%，提高氮肥利用约10个百分点。

（3）病虫草绿色综合防控技术。当前设施蔬菜生产上病虫害发生种类多，防治难度大，常常因为难以把握合适的防治适期而影响防效，通过开展"三防两控"技术、"一浸两喷"病害防控技术、随插随用防草技术、免疫诱抗剂等病虫草绿色综合防控技术，通过这些关键技术创新，建立"断、洁、诱、治"的病虫害预警预防技术体系。①"断、洁、诱、治"技术体系。针对当前蔬菜生产上病虫害发生种类多,防治难度大,常常因为难以把握合适的防治期而影响防效。以设施蔬菜优质高产栽培为目标,因地制宜采用抗性蔬菜品种、种植诱杀植物、施用植物生长调节剂、实行健身栽培等非药剂控害技术的基础上,依据蔬菜病虫害的发生规律,主抓蔬菜生产关键环节的病虫害防控,提出"断、洁、诱、治"蔬菜全程病虫害轻简化绿色防治技术,减少用药量和用药次数,保护和培育天敌。②苗期洁净苗培育技术。针对蔬菜病虫害发生不仅影响产量、品质,严重影响蔬菜安全。从源头开展无病虫苗培育解决长期以来,对温室病虫害的发生缺少有效防治方法,造成用药次数多、数量大,而效果差。③蔬菜病害预警预测系统应用。设施农业的发展为蔬菜周年高产高效生产带来了契机,它通过应用先进的科学技术、连续的生产方式和高效的智能化管理模式,以一定的生产设施为载体,通过控制生产环境,为作物提供相对适宜的温度、湿度、光照、水肥和气候环境等条件,从而可以高效、均衡地生产各种蔬菜、水果、花卉和药用植物等。通过农业物联网技术可以实现日光温室生产管理过程中对作物、土壤、环境从宏观到微观的实时精准监测,定期获取作物生长发育状态、病虫害、水肥状况、生产管理过程,以及相应生态环境的实时信息,形成温室作物实时大数据库,再结合专家知识经验库,为温室栽培科学管理、病虫害及时预测预防和作物种植决策调控提供技术支持和数据支撑,不仅达到合理使用农业资源、降低生产成本、改善生态环境、提高农产品产量和品质,提高农户经济收益的目的,还能有效地普及生产知识、传播实用的先进技术、提高生产者的科学素质等,具有重大的社会价值和现实意义,使用温室周年环境数据库及 BP(反向传播)神经网络算法结合病害发生条件可以很好地对病害进行预警和对蔬菜生长发育期和采收期进行预测,很好地达到预警预测的目的。④新型生物农药和防控设备应用。基于植物免疫诱导原理创制生物农药的新模式,创制出抗植物病毒病的微生物免疫蛋白新农药。新型生物农药具有抗病增产作用,可减少减轻蔬菜生长期间病害发生。

三、畜禽养殖业

东海县畜禽规模化养殖生产发展势头良好,养殖基地建设成效明显,是全国商品瘦肉型猪生产基地县、全国商品猪基地县、全国秸秆养牛示范县和江苏省秸秆养畜示范县。2017 年被评为农业部第一批畜牧业绿色发展示范县。目前,东海县建有规模养殖场 1 910个,其中生猪 1 075个,奶牛 2 个,肉牛 44 个，肉禽 506 个，蛋禽 283 个，已建有国家级生猪标准示范场 3 个，省级畜牧生态健康养殖示范场 25 个。生猪、蛋禽和肉禽的规模养殖比例分别达 95.7%、93.4% 和 90.1%，畜牧业总产值 24.77 亿元，占农林牧渔总产值的 21.6%。

（一）产业发展瓶颈分析

近年来，东海县畜禽养殖坚持规模化、标准化和产业化的持续发展路线，打造了精品瘦肉型"老淮猪"品牌，取得了较好的经济效益。但东海县农业体量庞大，养殖规模及密度不断加大、粪污处理难、养殖区域布局不合理等问题日渐凸显，导致畜禽养殖产业可持续发展与环保压力之间的矛盾日益突出，甚至阻滞了与畜禽养殖业相关的上下游生态产业链的可持续发展。尽管东海县已初步探索形成了一些典型种养结合模式，总体上种养分离现象仍然存在，农业废弃物资源化利用率不高、资源环境承载压力不断增大，由此带来的养殖污染问题已成为制约当地产业可持续发展的重要瓶颈。

畜禽养殖粪便和农作物秸秆作为重要的农业资源，用则为宝、弃则为害。伴随着东海县畜禽养殖的快速发展，畜禽粪便资源化利用的压力也越来越大。特别是畜禽养殖规模不断增大，种养主体分离，畜禽粪便还田通道受限，在造成资源浪费同时，也带来环境污染。通过乡村振兴推进项目的实施，开发利用东海县的有机肥资源，打通粪肥还田通道，有利于实现粪肥资源的循环利用，减少化肥使用，提升耕地质量，提高农产品品质，推动农业绿色发展、循环发展，建立起农牧结合、种养循环的农业可持续发展机制。

发展种养结合循环农业，上接畜禽养殖业，下连种植业，通过打通农业循环链条，将进一步优化东海县种植业和养殖业结构，实现农业生产方式由"资源—产品—废弃物"的线性经济，向"资源—产品—再生资源—产品"的循环经济转变，有利于促进东海县农业可持续发展。

（二）产业发展对科技需求分析

随着畜禽养殖不断向规模化、集约化转变的同时，畜禽粪污大幅增加，由于还田利用不畅、综合利用水平不高，既浪费了宝贵的资源，也对环境造成了污染，局部地区甚至成为农业面源污染的主要来源。

尽管东海县人民政府在畜禽粪污治理和资源化利用工作上取得了一定成绩，但也存在一些制约因素，一些影响畜禽养殖产业发展的环境治理问题亟待解决；此外，畜禽肉产品加工产业滞后，缺少提高肉产品附加值的深加工技术。以下部分针对当地畜禽养殖产业发展现存问题进行科技需求分析。

1. 中小规模养殖场和散养户亟须科学规划、统筹治理

东海县生猪养殖场和散养户较多，分布区域广泛，畜禽粪污产生量大，但是养殖规模较小、底子薄，畜禽粪污治理设施设备投入不足、雨污分流不完善、固液分离设备不到位、污水处理设施不健全、污水利用不充分、防臭设施建设缺失等问题突出，成为粪污治理的难点。推进畜禽养殖产业的健康发展，必然需要科学规划统筹，因地制宜地采用分散或集中治理技术模式。

2. 粪污处理设施运行效率不高

养殖场畜禽粪污处理设施老化，处理设备档次较低，特别是固液分离设备较少，做不到"雨污分流、干湿分离"，粪污处理设施贮存量与产出率不配套，无害化处理不彻底等，导致东海县畜禽养殖粪污综合利用水平还不够高。

3. 引入第三方处理主体等社会化服务机制未建立

区域性粪污处理中心少，特别是个别养殖集中区域小、散户多、粪污无害化处理效果差，污水直排入河等现象仍然存在。当前现况距离全面建成美丽乡村、小康社会，实现人民对美好生活的向往还有较大差距。畜禽养殖治污投入高、风险大、环境成本承受能力差，中小型养殖场通常难以承受，引入第三方处理主体既可减轻企业负担，也便于粪污无害化处理和资源化利用的管理、统筹和实施。

4. 种养结合循环利用机制不健全

解决畜禽养殖污染问题，最终出路还是养殖业与种植业的有效结合，实现粪污还田消纳、循环利用。但随着规模养殖的不断发展，种养主体分离，即使养殖场户有配套农田消纳粪污，但配套农田面积与养殖规模不匹配，粪污还田利用受限。

5. 肉产品加工简单粗放

肉产品缺少精细化加工环节，需进一步开发调理配制、熟化或腌制等加工方式满足市场的消费需求，从而提高原有肉产品的附加值。

（三）关键技术集成

1. 畜禽废弃物处理主要技术模式

（1）异位发酵床粪污处理技术及资源化利用方案。异位发酵床处理技术是针对集约化养殖场整体粪污集中处理为目的而设计的，需要严格控制源头冲洗水用量、优先采用干清粪工艺减少粪污产生量。采用该技术处理粪污后产生的腐熟垫料可用于生产优质肥料和垫料，实现废弃物的资源化利用。此外，异位发酵床处理技术不产生污水，可实现养殖污染物的趋零排放

（图6-1）。

图6-1 异位发酵床机械化翻抛现场

①粪污收集、贮存管理。养殖场最好采用干清粪工艺，避免畜禽粪便与冲洗水等其他废水混合，减少污染物排放量。设置粪污转运专用通道或以粪车转运，整个转运过程中应采取防扬尘、防渗漏等措施。贮存池有效容积达到异位发酵床日处理量的1.5倍以上，池内粪污固形物含量控制在10%左右，可用冲洗水调节粪污浓度；粪污贮存池应防雨防水，修建顶棚覆盖，池底及池壁应进行防渗漏处理，避免污染地下水；贮存池内应安装循环搅拌设备，避免粪污结痂和沉淀；贮存设施周边应布置警示标志、修建安全隔离栏，预防人畜发生意外。②异位发酵床处理技术实施。发酵车间建议采用轻钢结构框架设计，高度不低于4m，需保持良好的采光和通风，门窗采用卷帘。粪污槽应在发酵车间中央位置，发酵槽分列于粪污槽两侧，发酵槽可多列，粪污槽和发酵槽底部及侧壁要做好防渗漏处理，避免污水深入地下。发酵槽一端需要设计污水循环池，将发酵过程中垫料产生的渗滤液回流到粪污槽回用。粪污运输过程中应按《畜禽养殖业污染防治技术政策》（环发〔2010〕151号）规定执行，粪污集中收集后向贮存池转运、贮存过程应做好防渗漏措施，设计专用通道。粪污贮存池底及池壁应防水防漏，避免地下水污染。贮存池有效容积达到异位发酵床日处理量的1.5倍以上，同时要调节好贮存池粪污固形物的浓度；浓度太高容易堵塞管道，太低影响发酵，增

加了粪污量；建议贮存池内粪污固形物含量控制在 10% 左右，可用猪舍冲洗水调节粪污浓度。粪污池内必须安装循环搅拌设备，避免粪污结痂和沉淀，保证喷洒到发酵槽内垫料上的粪污浓度一致。异位发酵床处理技术的运行管理维护也是关乎粪污处理效果和效率的关键，垫料配制和发酵管理的关键指标必须符合导则规定。发酵菌剂添加、垫料厚度、粪污喷洒量、翻拌次数和时间、水分调节、垫料替换须严格执行导则的规定，否则发酵床无法在最适发酵温度下正常运行，不能生产优质有机肥原料。发酵菌剂与垫料质量比 1‰ 左右，与垫料混合均匀后，最终堆高在 1.2～1.5m；采用喷淋设备将粪污槽内的液体粪污均匀喷洒在垫料上方，通常情况下每立方米垫料喷洒 25～30L 液体粪污；喷洒粪污 8～10h 后，再使用翻抛机进行机械翻抛，充分混匀垫料和粪污混合物；正常情况下，每日翻抛 1 次即可，当夏季高温时或发酵温度过高的情况下可增加翻抛次数；翻抛应直达垫料底部，完全彻底混拌均匀。另外，处理过程中当垫料消耗量超过 10% 时，应及时补充垫料，并进行含水量的调节，将发酵槽内的新旧垫料充分混合均匀。③垫料资源化利用方式。发酵床养殖或处理产生的发酵垫料进行基质化和肥料化利用（图 6-2）。主要途径有 4 个：用作培养基质，最适合食用菌培养或绿植育苗；用作简单有机肥料，可直接简单粉碎发酵垫料即可还田施用，无须成本投入；生产高品质生物有机肥，符合生物有机肥企业的生产要求；用于蚯蚓、水虻或蝇蛆养殖，生产动物蛋白饲料原料。

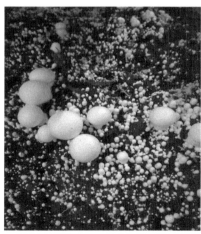

图 6-2　异位发酵床腐熟垫料基质化利用生产双孢菇（左）和生产生物有机肥（右）

（2）养殖废弃物无害化处理一体化设备方案。采用自主研发的畜禽养殖废弃物无害化处理和资源化利用成套设备，即实现粪、尿、废水一体化处理，零排放（无二次处理水排放），无恶臭，全部废弃物转化为固体有机肥，处理量可根据需求而定制。①粪污收集、贮存管理。采用干清粪工艺，避免畜禽粪便与冲洗水等其他废水混合，减少污染物排放量；根据养殖规模修建封闭式集中贮粪池，可建在设备安装厂房旁地下 3~6m 处，便于直接将粪污抽取投入设备。②粪污处理与有机肥生产一体化工艺流程。通过无堵浆液泵将废弃物抽送至有机肥一体化生产设备，给料机、有机质配方添加机同时向反应容器中添加一定比例的原料，约 60min、130~150℃ 高温发酵处理，再通过液压机、调节器、恶臭去除器去除恶臭异味，利用高温装置调整含水量，反应后通过有机肥搅拌机进行充分搅拌后进入粉碎装置，进行粉碎，最终生产出优质生物有机肥，设备整体外观见图 6-3。在反应过程中加入不同的配方，可生产出矿物元素含量不同的优质有机肥。该设备属于国际首创、行业首创、首台套设备，填补了行业空白，解决了当前粪污处理模式中"固液分离+污水生化、沼气发酵处理，存在二次水排放问题，处理周期长，废弃物综合利用率低"等问题，整个处理过程完全自动化，处理后达除味、杀菌、钝化重金属、分解农残和增肥作用。养殖废弃物无害化处理一体化设备的相关参数、配套使用菌剂和有机肥品质测定见附件材料。

图 6-3　养殖废弃物无害化处理一体化设备

（3）废弃物固液分离处理方案。该工艺流程主要针对日产畜禽粪污200t以上的大型畜禽养殖场或养殖小区设计的。以粪污处理肥料化和能源化利用为目标，生产新型功能性生物有机肥、液体生物有机肥、沼气、畜禽圈舍清洗液，并利用沼气发电。该工艺流程及各设施系统的说明详见图6-4。

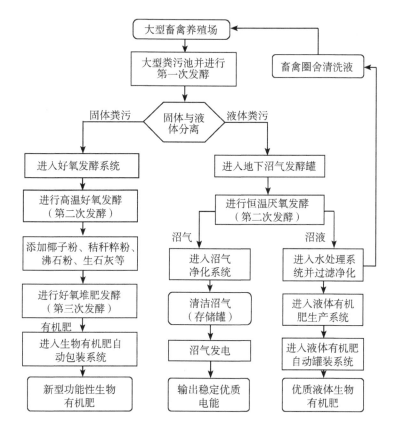

图6-4　大型畜禽粪污无害化处理与资源化利用工艺流程图

（四）尾菜和厨余垃圾处理与资源化利用方案

1. 尾菜和厨余垃圾收集

建立尾菜收集机制，在蔬菜采收、加工、运输、售卖等多个环节设置收集点，集中收集和转运根、茎、叶、果及大量残次蔬菜。

建立厨余垃圾收集机制，在村镇设置垃圾分类点，将厨余垃圾集中收集后转运。

2. 烘干、粉碎处理

修建尾菜和厨余垃圾集中处理车间，将收集的尾菜和厨余垃圾运入烘干设备进行烘干处理，所需电力可由畜禽粪便发酵产生的沼气进行发电供应。

烘干后物料利用固体垃圾粉碎机进行粉碎处理，打包后储存。

3. 利用方式

用作辅料进入废弃物无害化处理一体化设备生产有机肥。

用作垫料进入异位发酵床进行发酵处理。

4. 工艺流程图

尾菜和厨余垃圾生产有机肥工艺流程见图6-5。

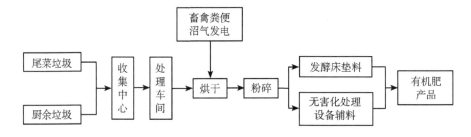

图6-5 尾菜和厨余垃圾生产有机肥工艺流程

(五) 农村污染河道治理

养殖场主要分布在农村地区，附近村镇集聚，养殖与农村生活污染物排放往往产生交汇，形成河道沟渠的复合污染，因此项目承接单位计划利用自主培养的绿色微生物和自主研发的 ROSTOR 设备在桃林镇建设一个农村河道污染的样板工程，以处理黑臭水体、实现废水资源化利用为目的，为国家和地方水污染控制与治理规划和重大工程建设提供强有力的技术支撑和科学示范，对构建和谐社会、实现可持续发展具有重大的战略意义。

1. 绿色微生物处理河道污染

通过独特的发酵工艺挑选出一批有益微生物集合体，多种生活环境不同的好氧或厌氧微生物相互有机互存，提高微生物的活性和分解效果，从而更有效分解污水中的污染物质，提高污水处理水平，该工艺称为反复代谢系统（RCM）。反复代谢系统（RCM）使用绿色复合微生物可以无二次污染处理难降解废水，减少恶臭并减少污泥产生。

2. ROSTOR 水质净化系统

（1）ROSTOR 系统介绍。ROSTOR 是拥有 4 个专利技术的水质净化系统，它可以为河道溶解大量氧气并强制循环，是以其精密的重量平衡制作和轻盈的运转释放强力的，独特的螺旋形状的产品，可有效处理河道湖泊黑臭污水。

安装在水表面，利用其刀刃组成的旋转体将氧气供应至深水层，进而减少溶解于水中的氮量，抑制污泥的涌出，实现湖沼的综合性的水质净化。ROSTOR 将河道里的水强制曝气和循环于大气中，引起湖沼表面的波长，切断 70% 以上的光透过率，具有卓越的抑制绿藻类的繁衍与杀灭效果。两侧浮标注入气体后产生浮力，可浮在水面上，溶解大气中的空气，具有推入远处进行强制循环的作用，可以取得自净作用。

（2）ROSTOR 性能。ROSTOR 是安装在水表面的水层搅拌装置，强制循环广阔湖沼的水并供氧，可以在短期内取得水质改善效果（图 6-6）。ROSTOR 具有以下优点。①供氧至广阔的面积与沉积层。②活跃好氧菌，分解有机物质。③促使河道表面发生波长，切断绿藻的光合作用，抑制水温上升。④短期卓越的绿藻类与浮游物质消除效果。⑤全无二次污染发生。

图 6-6　ROSTOR 进行河道水处理系统现场

（3）水质净化系统原理。水质净化系统通过 ROSTOR 循环停滞的水层并供氧，从而活跃有益的好氧微生物，提高水质净化能力。用 ROSTOR 的力量向污染沉积层与有机物供氧并强制循环沉积物，消除它们的停留时间，通过氧化浮游物，减少污泥的产生。根据恶臭的发生与有机物沉积量人为投放 AquaBacta BEAD 缓释放光合菌，有效地除臭并降解有机物。

（六）生鲜肉产品加工

1. 预制肉制品

通过特殊工艺，把添加剂、配料及香辛料注射到肉里，经滚揉、腌制、分切、加工、以包装或散装形式在冷冻、冷藏或常温条件下贮存、运输、销售，可直接食用或经简单加工、处理就可食用的肉制品。其实质是一种方便食品，特点是食用方便、附加值高。

2. 真空包装

真空包装的机理：其目的是减少包装内氧气含量，防止包装食品的霉腐变质，保持食品的色香味，并延长保质期。

3. 气调包装

采用具有气体阻隔性能的包装材料包装食品，根据客户实际需求将一定比例混合气体（$O_2+CO_2+N_2$、N_2+CO_2、O_2+CO_2）充入包装内，防止食品在物理、化学、生物等方面发生质量下降或减缓质量下降的速度，从而延长食品货架期，提升食品价值。

4. 托盘包装

开发采用托盘包装的生鲜肉品，通常采用气调膜进行包装，走商超销售路线，品质感更强。

5. 精细加工

对原有的分割产品，进一步精细化分切加工，如制成切片、丝、丁、块等产品，通过产品形象展示，满足市场需求。

6. 特色产品

开发一些高附加值的特色类肉产品，多与品牌挂钩，走高端路线。

7. 熟食制品

开发熟卤制品，如香卤猪头肉、酱猪蹄等。

（七）智慧畜牧业工程

依托江苏农业数据云、省市两级农业指挥调度中心、农产品电商平台、物联网云平台和农产品质量安全追溯监管平台、农产品电子商务平台，重点建设畜牧业综合管理服务系统。实施"智慧牧场"工程，建设2~3家畜牧生产物联网应用示范点。改造完善畜禽市场监测和预警体系，提高畜牧产业预警水平，提高畜牧产业抗市场风险能力，提高畜产品质量安全监管能力和水平。

四、花卉产业

20 世纪 90 年代末，随着我国城乡经济的迅速发展和农村产业结构调整的不断深化，东海县委、县政府审时度势，高屋建瓴，充分发挥本地资源、气候、交通、区位等优势，发展花卉生产，积极培育花卉产业，并确立了"政府引导、个体投资、政策扶持、稳定发展"的思路。经过 20 余年的发展，东海县已经成为国内新兴的鲜切花生产基地，特别是切花百合更是成为继云南昆明、辽宁凌源之后国内第三大百合生产中心。

目前全县已建成标准鲜切花日光温室 1 万多栋，面积达 2.5 万多亩，形成了以双店镇、山左口乡为中心的鲜切花种植基地，主要种植有百合、切花菊等种类，产品畅销上海、苏州、南京、合肥、武汉、杭州、临沂、青岛、济南、郑州、北京等国内 20 多个大中城市，其中百合更是占到了上海春节花卉市场近 60% 的份额。目前全县有花卉龙头企业 2 个，鲜切花专业合作社 10 个，鲜切花产业园区一个，鲜切花标准化示范区 1 个。鲜切花种植户 2 000 多户，鲜切花经纪人 200 多人，专业花卉市场 2 个，花店 20 余个。农户年均每栋日光温室收益在 2.5 万元以上，最高可达 8 万元，鲜切花种植已经成为当地农民增收致富的主要途径。鲜切花产业已经成为东海县继水晶之后又一特色产业，又一张靓丽的城市名片。2009 年 4 月 23 日，江苏省农业委员会授予双店镇"江苏省鲜切花产业基地"铜牌，省领导考察东海县高效农业发展情况时，对东海县的鲜切花产业给予了"规模大、品质优、效益好、增收致富带动力强"的高度评价。2015 年 4 月，由国家质检总局批准对双店百合花实施地理标志产品保护，双店百合花成为继东海大米、黄川草莓、石梁河葡萄之后又一个种植业地理标志保护产品。为把鲜切花产业建成富民产业和生态产业，东海县委、县政府明确了"全国有影响、华东列前茅、全省保第一"的目标定位，全力以赴将东海建设成整个华东地区规模最大、品种最全、质量最好的鲜切花生产基地，省内外著名的赏花胜地，倾力打造"华东花都"地位，打响东海花卉品牌。

（一）产业发展瓶颈分析

1. 品种单一

目前，东海的花卉种类主要以切花百合为主，切花菊花为辅，这两种占据了东海花卉种植面积的 85% 以上。主要原因是西诺花卉公司在东海的进驻，以经营百合种球为主的西诺公司将总部驻扎在双店镇，将切花百合作为东海主栽花卉进行推广，经过这几年的技术沉淀，切花百合成为当地又一特色产业，也为东海花卉产业的发展奠定了基础。百合切花十几年前引进国内后，种球的供应一直是我国百合产业发展的一个瓶颈。目前种植的百合种球几乎都由荷兰进口。2006—2010年，北京市有关部门投资9 000万元组织科研单位和企业进行百合种球国产化科技攻关，花卉大省的云南也投巨资解决同样的问题，但都以失败告终。所以，国内目前种植百合切花的地区，如云南、辽宁的凌源、江苏的东海，百合种球还是以进口为主，东方百合品系全部进口、OT系由于退化较慢，一些种植户自繁一部分。东海地区夏季较热不适合百合生长，切花生产的季节集中在12月至翌年3月，由于国内市场竞争越来越激烈，种植水平越来越高，种植百合切花利润下降，风险变大，一部分种植户转向切花菊生产。近几年，盆栽花卉生产发展迅速，由于盆栽花卉生长周期短，3~4个月即可上市，观赏时间长，价格低，单位面积产值高，所以，盆栽花卉的产量以每年10%的速度发展。如何根据市场发展需要，结合东海实际情况，引进新的切花品种，如月季、绣球、六出花切花，同时发展盆花产业，筛选出适合东海地区种植的花卉品种也是今后东海区花卉产业发展的重点。

2. 种植种类

目前东海地区种植的花卉分为3类：鲜切花类、观赏苗木类、盆栽植物类。鲜切花类主要以百合、菊花为主，种植群体以农户为主，公司为辅，还有少量的切花月季、非洲菊，由于种植方式落后，质量上不去。盆栽植物类包括两类，一类是用作绿化美化的盆花，这类花卉通常以订单形式生产，如一串红、矮牵牛、万寿菊、马鞭草等；另一类就是小盆栽花卉，这是近几年流行起来的，消费群体为家庭，每年以10%的速度递增。小盆栽花卉种类繁多，通常又分为两类，一类是生长周期在10个月左右的盆栽花卉，盆径13~25cm，如红掌、凤梨、蝴蝶兰、大花蕙兰、蟹爪兰、盆栽八仙花；竹芋、万年青等一些观叶植物，批发价格在每盆10~20元；另一类就是小盆栽，盆径在6~12cm，生长周期在3~4个月，如盆栽玫瑰、长寿花、仙客来、盆栽菊花、风铃草、丽格海棠、虎刺梅、姜荷花、白鹤芋、蕨类等，批发价格在每盆6~10元，一年可进行3~4次生产，尽管价格低一些，但年单位面积产量、利润高，近几年许多大公司开始朝小盆栽方向转型，如云南许多公司，如缤纷公司在云南开始种植盆栽玫瑰、盆栽彩色马蹄莲、欧石楠、长寿花、菊花等，而在广州进行观叶小盆栽的生产。北京的许多公司，如昊景、博众、炫美、大兴区苗圃、大东流苗圃等公司都以小盆栽花卉为主，四川的西昌农业示范园也吸引了众多花卉公司入驻进行盆栽花卉的生产。近几年发展最为迅速的是山东青州市的花卉产业，已成为北方最大的盆栽花卉生产和交易中心。东海地区的盆栽花卉生产还处于起步阶段，远远满足不了市场的需要。

3. 设施条件

目前，东海种植花卉设施有日光温室、冷棚。没有经过改造的日光温室主要以农户种植百合、菊花等切花为主，这样的日光温室夏季温度高、冬季温度低，没有降温设施，生产出来的产品质量不稳定，特别是冬季，由于温度低，经常导致百合下部脱叶，菊花生长慢，下部节间短，影响产品质量，而夏季，温度高，植株生长纤细。通过对目前日光温室加以改造进行其他种类花卉的生产，还是可行的，且改造后日光温室生产出来产品，不论是鲜切花还是小盆花，其质量都会有一个质的飞跃。

4. 产品质量

在竞争激烈的花卉市场，产品的质量起着决定作用。花卉产品有其独特的属性，即品质好的花卉产品市场销路好，价格高，而品质差的花卉产品价格低、销路窄，当市场饱和时只能作为垃圾花处理。东海地区目前种植的百合、菊花质量水平由于气候上的差异与云南生产的同类产品还有一段距离。正视现实，找出原因，提高产品质量乃是当前首要任务。

5. 科技投入

东海地区切花栽培设施几乎全部是日光温室，如何在日光温室条件下生产高品质的切花、盆花是东海花卉产业健康发展的前提。对现有的日光温室进行改造、调控日光温室中的温度、湿度、光照，进行水肥管理、防控病虫害等等问题是要通过科学合理的试验、研究去完成的，而不是凭经验去种植的。新品种的引进、消化、新技术的应用不是公司及农户所能独立完成的，所用的这些问题是需要科研院所、大专院校共同组织进行攻关，经过反复试验来解决的。

6. 农民培训

解决农民致富问题也是东海地区大力发展花卉产业的一个重要目的。脱贫很容易，扶贫很困难，扶智更困难。要逐渐转变农民固有的传统观念并不是一件很容易的事，公司和合作社起着关键作用，对农民的培训不仅仅包括技术方面的培训，而对于观念的改变可能更为重要。作为公司或合作社，可以在基础较好、素质较高的农户中进行技术推广，提高其产品质量，获得较好的市场价格，这样在推广技术时就会容易一些，但这对公司和合作社在种植技术方面需要更高的要求。

（二）花卉产业发展科技需求分析

1. 提质增效

花卉产业作为东海地区一个特色产业，发展 10 余年，面积在逐步增大，但在效益方面还有很大差距。花卉产品的品质是花卉产业健康发展的前提条件，如何提高目前东海地区花卉产品的质量，创造东海地区花卉产品品牌是东海地区花卉产业能否存活下去的关键。只有提高花卉产品的质量才能谈到效益，这也是目前种植花卉和蔬菜效益相差不大的原因。

2. 改善温室设施条件

东海地区的日光温室无论是外部设施条件还是内部栽培条件都极其简陋，满足不了对高品质花卉生产所需要的条件。如温室的降温、遮阳、基质栽培、水肥一体化等都是生产优质高产花卉必不可少的前提条件，所有的这些设施的改进通过政府的补贴都是可以实现的。

3. 注重科技

科学技术是第一生产力是当今社会各个行业发展所遵循的真理。加强与科研院所、高校紧密合作是提升东海地区花卉产品质量的必经之路。新品种的筛选、栽培技术研究、新技术的引进、成果的推广等，这些都不是企业和农户所能完成的。目前，东海地区的花卉种植主要以百合、菊花切花的生产为主，产品单一，如何实现花卉产品的转型，种植效益好的种类，如新种类切花、盆花等，都需要科技作为坚强的后盾。政府在科研院所、高校和企业、农户之间起到的是一种桥梁作用，政府资助科研单位来解决生产中的实际问题和对企业、农户进行培训，并将科研成果免费提供给企业和农户，这也是今后东海地区花卉产业可持续发展的基础。

4. 种苗基地

种苗质量的好坏决定了最终产品的品质。目前，东海地区的种苗几乎全部由县外引进，不但种苗供应满足不了要求，而且种苗质量也参差不齐。种苗质量影响生产的实例也发生过。

政府应投入资金在东海地区建立种苗繁育中心，从根本上解决切花、盆花种苗问题，使种苗质量得到保证。

（三）花卉产业关键技术集成

1. 品种引进与示范推广

（1）彩色马蹄莲高效栽培技术集成创新与示范。引种彩色马蹄莲新品种并对其进行适应性筛选的基础上，对适应性好的品种开展其人工快速繁殖、阳光大棚种植的高效栽培和产业化生产的研究，并进行示范推广，有利于形成阳光大棚种植的高效栽培技术体系，增加花卉种植的种类，从而改善东海县栽培花卉种类单调、陈旧的局面，促进形成花卉品种的标准化生产方面的优势。

（2）切花菊新品种引进与示范推广。以具有自主知识产权的菊花新品种为先导，开展新品种繁育特性等的研究，包括不同品种光温周期综合反应特性、插穗低温储藏特性、生根特性及周期等；结合母本光周期调节、插穗低温储藏、穴盘育苗及全光弥雾扦插等技术的优化集成，形成菊花种苗高效与周年繁育技术体系，实现种苗快速扩繁及周年供应，加快新品种的推广应用，。通过项目实施可以延长切花菊自然花期，促进自然资源的合理利用，降低生产成本，从而推动花卉产业升级和效益提升，实现产品的换代。

（3）非洲菊新品种引进及优质高效栽培技术示范推广。针对东海县非洲菊品种少品质差的问题，引进并推广应用5~8个非洲菊新品种，提高非洲菊质量提升其相应的市场竞争力。根据日光温室非洲菊连作退化的土壤营养生态现状，研究相应的土壤营养生态快速修复技术和连作无障碍生产技术。同时推广应用非洲菊科学配方施肥技术、病虫害综合防治技术和非洲菊环境调控与花期、品质控制技术为农户提供非洲菊精量施肥技术。确保东海县日光温室非洲菊生产品种齐全、管理科学，降低农业生产成本提高花农生产效益，从而促进东海县鲜切花产业持续、健康、稳定、快速发展。

（4）百合种质资源基因库（圃）建设。项目收集保存百合种质资源1 000份，离体保存库1座，离体保存百合资源2 000份；共享资源500份；建立国家级百合种质资源共享平台子平台和百合种质资源评价及利用系统；育成自主知识产权百合品种3~5个，提高东海县百合品质，推动花卉产业升级和效益提升

2. 花卉绿色高效栽培关键技术

（1）花期调控栽培技术。为了满足周年市场的需求，通过定植日期调控花期、光照调节花期、温度调控花期、修剪控制花期、生长调节剂调控花期等单项技术指标研究，吸收国内外成功经验与先进技术，示范花卉周年规范化高产栽培技术。应用后具有增产、省工、节肥、节水等优点，经济及社会效益显著。

（2）绿色高效智能化肥水施用技术。围绕花卉绿色生产目标，根据花卉生长营养需要及高产规律，开展肥水气一体化施用技术、引进筛选缓释控释肥料、营养诊断推荐施肥技术等，实现了水稻肥水资源高效合理利用，推进绿色减肥增效。①示范推广平衡施肥技术。②水肥一体化技术。③示范花

卉栽培管理专家决策系统。

（3）病虫草绿色综合防控技术。通过开展"三防两控"技术、"一浸两喷"病害防控技术、随插随用防草技术、免疫诱抗剂等病虫草绿色综合防控技术，通过这些关键技术创新，建立"断、洁、诱、治"的病虫害预警预防技术体系，加强花卉病害预警预测系统应用，应用新型生物农药和防控设备，土壤连作障碍防控技术。

3. 加快推进花卉标准化生产

（1）加快地方标准制修订。在系统梳理现有国家标准、行业标准的基础上，制修订一批适应绿色发展的技术规程、种苗繁育与苗木质量等级、花卉等级等地方标准。

（2）加快标准推广，依托新型经营主体，建设一批花卉全程标准化生产示范基地，开展标准化生产技术培训，引导按标生产。

4. 种苗（球）基地建设

东海县现在仍没有解决百合种球问题，因此政府应投入资金建立种苗繁育中心，持续开展种苗繁育关键技术攻关，从根本上解决切花、盆花种苗问题，使种苗质量得到保证。

五、草莓产业

草莓是蔷薇科多年生草本果树，果实鲜红艳丽、芳香多汁、酸甜可口，富含多种微量元素，兼具营养价值和药用价值，素有"水果皇后"之称，深受消费者的喜爱。同时，草莓因种植周期短、结果早、采果时间长、经济效益高而备受种植者的欢迎。目前，草莓在全世界种植面积约为550万亩，在小浆果品类中居于首位，在世界各地广泛种植。

（一）草莓产业发展瓶颈分析

中国草莓产业发展迅速，与世界草莓强国和绿色发展相比，还存在一些亟待解决的问题。

1. 品种更新换代慢

'甜查理''红颜'和'章姬'在我国推广种植已有20年左右的历史，目前仍是主栽品种，经过多年的栽培，已经出现种性退化、抗病能力降低、果品质量变劣、繁苗率下降等现象，特别是近2～3年'甜查理'红叶病（枯萎病）迅速蔓延，如不及时控制，将造成毁灭性损失。

2. 国内自有品种市场占有率低

当前我国栽培的草莓品种95%引自国外。主栽品种中，大多引自日本和美国。其中，日本的'红颜'和美国的'甜查理'两个品种就占了草莓栽培面积的70%。这两大主力品种虽有不错的表现，但它们均为20世纪90年代前后引进，种植年限比较长，已经出现了抗逆性减弱，品质下降等品种退化问题。虽然近年来我国自行培育出一批具有自主知识产权的优新品种。但这些品种的知名度和认可度还比较低，真正形成有影响力的品牌较少。推广体系不健全，推广面积十分有限。据统计，国产品种目前市场占有率不到5%。

3. 脱毒种苗应用率低

草莓在栽培过程中很容易感染病毒病，有20多种病毒可以感染草莓，病毒对草莓为害严重，可造成草莓果实变小，产量下降，果实畸形，风味变差。一种病毒单独侵染可减产30%，复合侵染可减产80%左右，草莓主产区病毒病发病率高，个别区域达60%以上。脱毒苗从20世纪90年代就开始推广应用，但使用比例较低，更换速度慢。

草莓属无性繁殖，易受病毒、病菌侵染。经测算，我国每年草莓生产用苗在200亿株以上，其中绝大部分是农户自繁自育。多数采用普通生产苗做母株，育出的种苗根量少、根茎细，容易带毒带病。专家估计，目前草莓生产上种苗带毒率平均在70%以上。采用脱毒苗技术生产成本高，我国脱毒技术、鉴定技术、假植繁育技术还不够完善，脱毒种苗繁育体系也不健全，因此使得草莓科学化种植水平还比较低。

4. 标准化生产水平低

标准化生产水平低突出表现在3个方面。

（1）农药使用不规范。目前，由于我国草莓品种性能退化，普遍缺乏抗病能力，因此在生产过程中农药使用次数偏多，且在用药品种选择、用量控制、时间间隔等方面不按标准和规程操作，农药残留超标问题时有发生。

（2）乱用生长调节剂。正常草莓生产不需要使用生长调节剂，但是近年来一些种植者为了追求草莓果实硕大，在开花结果后多次使用植物生长调节剂。

（3）连作障碍问题日益突出。草莓连续多年种植，造成土壤酸化、板结，病毒病、线虫病基数高，特别是设施栽培条件下没有降水淋洗，一些地方土壤pH值碱化或酸化，土传病害偏重发生。

5. 采摘后加工处理相当薄弱

采摘后加工处理相当薄弱突出表现在2个方面。

（1）加工比例低。我国草莓消费以鲜果为主，草莓酱、草莓酒、草莓汁、草莓罐头等加工产品比例仅为 15%。加工品种中 90% 为速冻草莓，年出口量仅 10 万 t 左右。

（2）冷链运输体系不健全。草莓果实相对较软，需要全程冷链运输。目前国内缺乏从产地物流中心至销区储运地的全程冷链储运体系，常规运输影响保鲜效果又制约运输范围。

6. 连作障碍突出，防治方法单一

我国多数草莓主产区已经有几十年的栽培历史，经过连年种植，连作障碍成为突出的问题，药剂消毒应用不普及。农户普遍采用太阳能消毒，太阳能消毒成本低，但消毒不彻底，控制病害不理想。

7. 市场开拓不够

草莓市场开拓不够，市场体系不健全，销售渠道单一，产、供、销产业链脱节。没有规模较大的加工企业。没有著名商标，没有形成像东港草莓、长丰草莓一样有影响力的品牌。

8. 缺乏政府支持

草莓以设施栽培为主，前期基础设施投入大，品种、技术要求较高，草莓产业的扩大需要政府在设施建设、品种技术研发等方面提供科技支撑。另外，国际上新品种、新技术的引进需要政府的对接，国际、国内的技术交流与合作需要政府搭台，产业的健康可持续发展需要政府的引导与管控。

（二）草莓产业关键技术集成

草莓产业存在的问题，虽然主要集中在品种、种植技术和产品加工方面，但从总体上反映的是产业布局、种植方式、市场化程度、政策和服务保障等问题，需要统筹解决，以保证草莓产业的健康发展。当前，随着经济社会快速发展，人民对美好生活的需要日益增长，对草莓产品的风味、品质、包装以及购买方式等都提出了更高要求，其内在需求则体现在统筹规划、生产方式、技术研发、政策支持、服务保障等方面。为深入推进农业供给侧结构性改革，加快推进东海县草莓产业向绿色发展、高质量发展转变，打造知名品牌，为此需要开展以下几方面工作。

1. 制订草莓产业规划

配合全国特色农产品优势区创建，我国草莓生产布局需要进一步优化，东海草莓同样需要进行规划引导。

（1）坚持适地适种。总体上应根据不同地域气候土壤等自然生态条件，进行功能区划分，确定不同栽培方式的草莓生产最佳适宜生态区。

（2）坚持市场导向。立足多样化、优质化市场需求，充分考虑县内县外两个市场，以满足当地市场为前提，优先发展市场占有率高、前景广阔的品种和地区。

（3）坚持适度规模生产。统筹考虑全国草莓生产供应能力，科学确定东海种植生产规模，以效益为中心，形成均衡有序的草莓生产供应体系。

2. 提升草莓产业科技创新能力

（1）品种创新。鼓励科研机构引进优良种质资源，加快引进选育一批在口感、风味、营养物质含量等方面与国外品种媲美的新品种，重点选育一批鲜食加工兼用、抗病、抗逆、耐贮运的新品种。

（2）技术创新。加快推进水肥一体化、有机肥替代化肥、病虫害绿色防控等关键技术研究和示范推广，重点开展连作障碍治理土壤消毒技术推广应用、高架基质栽培等技术攻关和示范，建立草莓果品安全质量的检测监控体系，以及丰富草莓加工衍生品类，提高产品附加值，延长产业链。

（3）管理创新。加快互联网+、智能控制、物联网监测等设施设备在草莓生产上的应用，建立新型生产管理模式，提高生产管理的自动化、信息化水平。

3. 加强并完善草莓种苗繁育推广体系

（1）完善繁育体系。加快建立草莓脱毒种苗繁育技术体系，开展苗木纯度鉴定与病毒检测工作，建立和完善草莓病毒分子检测方法。通过脱毒、快繁、隔离、鉴定等技术，从源头上确保优良品种的原原种苗质量。结合实施现代种业提升工程，建设一批区域性草莓脱毒种苗繁育基地，提升脱毒种苗供应能力。

（2）强化种苗质量监管。按照新修订的《中华人民共和国种子法》的要求，完善种苗质量管理体系，抓好种苗市场监管，及时为生产提供品种纯正、优质健壮的草莓脱毒苗。

（3）加快优质种苗推广。依托农民合作社、龙头企业等新型经营主体，建设草莓优质脱毒种苗应用示范基地，加快优质种苗推广应用。

4. 加快推进草莓标准化生产

（1）加快地方标准制修订。在系统梳理现有国家标准、行业标准的基础上，制修订一批适应绿色发展的技术规程、种苗繁育与苗木质量等级、果品等级等地方标准。

（2）加快标准推广。在优势产区，依托新型经营主体，建设一批草莓全程标准化生产示范基地，开展标准化生产技术培训，引导按标生产。

（3）加强质量控制。在优势产区建立草莓质量安全全程监管机制，健全投入品管理、生产档案、产品检测、基地准出和质量追溯制度，确保产品质量安全。

5. 大力推进草莓品牌建设

草莓品牌建设是走向草莓强国的必由之路。

（1）依托"连通天下"品牌策略，联合中国优质农产品开发服务协会草莓产业分会、中国园艺学会草莓分会等草莓行业组织，协作推进草莓品牌建设，搭建产业链合作平台，整合草莓界各方力量，促进草莓产业有序发展。

（2）加快科技成果转化，打通草莓成果转化的"最后一公里"，培育市场主体，壮大品牌企业，加快培育一批具有较高知名度、美誉度和较强市场竞争力的草莓品牌，提升草莓产业的竞争力及影响力。

6. 创新草莓产业发展壮大的机制

（1）加快培育新型经营主体。重点培育一批草莓种植大户、农民合作社和龙头企业，推进规模化经营，引领标准化生产。

（2）加快培育新型社会化服务组织。扶持专业化社会化服务组织，开展种苗统繁统供、病虫统防统治、肥料统配统施、产品统加统销等社会化服务，提高草莓生产的组织化程度。

（3）促进"三产"融合。积极发展贮运加工业、休闲农业、乡村旅游和电商等新产业、新业态、新模式，推进线上线下融合发展，满足不同群体不断升级的消费需求。

第七章　美丽宜居乡村发展模式

生态宜居是中央乡村振兴战略的核心要求，也是乡村振兴的关键。习近平同志指出："生态兴则文明兴，生态衰则文明衰。生态环境是人类生存和发展的根基，生态环境变化直接影响文明兴衰演替"；"要像保护眼睛一样保护生态环境，像对待生命一样对待生态环境"。《江苏省乡村振兴战略规划（2018—2022 年）》（苏发〔2018〕23 号）中明确了全面开展乡村生态环境保护与修复的要求：把山水林田湖草作为一个生命共同体，统一保护、统一修复，大力实施乡村生态保护与修复重大工程，完善重要生态系统保护制度，促进乡村环境稳步改善，自然生态系统功能和稳定性全面提升。

东海县 2015 年通过国家级生态县考核验收，19 个乡镇全部通过国家级生态乡镇评审（牛山街道等 7 个乡镇街道已获命名，黄川等 9 个乡镇已公示完毕等待命名，还有 3 个乡镇通过评审但还没有公示）。2017 年被农业部评为全国第 1 批畜牧业绿色发展示范县。2019 年东海县位列全国绿色发展百强县市 69 名，该指标体系包括了资源节约、绿色生活、污染治理和生态建设等 4 个方面。全县共建设 16 个乡镇污水处理厂，全县农村环境连片整治试点也通过江苏省考评验收。同时也应该看到，东海县农业面源污染问题仍然较重，水环境质量有待于进一步提高，资源利用效率有待于进一步提高，乡村环境保护基础设施建设落后，农村居住环境质量与群众期望存在较大差距，村容村貌还需要改观，群众生态环保意识需要进一步提高。

第一节　发展思路和目标

一、发展思路

紧紧依靠科技创新和制度创新，从"生产、生活、生态"三个方面切入，坚持把生态振兴作为东海乡村振兴战略的基础和支撑，推进农业绿色发展，建立高效、绿色、低碳、循环的产业体系，发挥农业生产的多功能性，争创国家农业绿色发展先行示范区。推进绿色生活方式，切实打造生态民居空间，优化生活舒适空间；以改善乡村环境质量为核心，严格生态空间管控，强化污染治理，加强生态修复，防范环境风险。大力宣传生态文明建设，让其成为东海人民的共同意志，落实到日常生活中。

二、发展目标

突出东海县生态环境优势，进行山水林田湖综合治理，完善资源高效利用、环境建设政策体系，让东海乡村成为"望得见青山，看得见绿水、留得住乡愁"的山青水绿土净天蓝的现代苏北农村。

第二节　重点工程

一、优化村庄布局

截至 2018 年 12 月，东海县共有 1 个中心城区（牛山街道），18 个乡镇街道、1 个省级开发区和 1 个省级高新区，346 个行政村、979 个自然村。总体上看，村镇体系较为合理，村镇空间分布比较均匀，乡镇之间连接度指数不高，乡村居民点可达性较低，建设用地浪费较为严重。根据村镇空间优化基础理论，东海县村庄优化布局遵循以下原则：一是遵循城镇化发展规律，促进城乡融合发展；二是加强规划协调和规模管控，促进农村建设用地减量化；三是顺应乡村发展规律，合理布局村庄；四是有利于改善人居环境，提高农民群众生活条件；五是传承历史文化，保护彰显乡村特色等。

1. 村庄布局现状

东海县村庄以团聚状为主，而且在空间呈均匀分布，村落有大有小，村庄大部分呈不规则状。根据东海县地形地貌、中心镇辐射、道路交通等综合因素，将东海县划分为东部、西部等两片区，其中，东部片区覆盖石榴街道、安峰镇、白塔镇、黄川镇、房山镇、牛山街道、平明镇、青湖镇、驼峰镇、张湾乡等 10 个乡镇以及经济开发区，共 199 个行政村；西部片区覆盖温泉镇、桃林镇、双店镇、石梁河镇、石湖乡、山左口乡、曲阳乡、李埝乡、洪庄镇等 9 个乡镇以及李埝林场，共 141 个行政村（表7-1）。

表 7-1 东海村庄现状表

乡镇街道	村庄名称及数量
牛山街道	河西、汤庄、曹林、张庄村、郇圩村、湖西、望西、望东、和堂、牛山、张谷（12个）
石榴街道	东榴村、西榴村、车庄村、浦西村、柳汪村、新庄村、埝河村、三里村、小里村、东安村、兴隆村、蛤庄村、博望村、姜庄村、杨圩村、讲习村、麻汪村（17个）
开发区	丁庄村、葛宅村、范埠村（3个）
温泉镇	尹湾村、横沟村、碱场村、刘湾村、羽阳村、朱沟村、羽山村、房埠村、石文港村、罗庄村、西晓庄村、存村、坡林村、东连湾村、西连湾村、塘坊村、甘汪村、停埠村（18个）
曲阳乡	城北村、城南村、兴西村、薛埠村、赵庄村、官庄村、前张村、陆湖村、皇树村、曲阳村、兴旺村、曹庄村（12个）
桃林镇	桃北村、桃西村、桃东村、东石埠村、七埝村、各庄村、苗庄村、大李村、彭才村、陈州村、关汪村、徐西村、徐东村、皇城村、西石埠村、官庄村、上河村、北芹村、顶湖村、南芹村、白岭村（21个）
双店镇	双店村、前双村、昌沂村、昌梨村、孔白村、东池村、西池村、宋庄村、竹墩村、竹北村、南双村、北沟村、三铺村、代相村、季岭村（15个）
石梁河镇	土山村、胜泉村、陈岭村、瓜安村、树墩村、张湖村、韩湖村、刘金村、前代邑村、葛沟村、九龙村、贾庄村、后代邑村、东山后村、西山后村、老古墩村、北辰一村、北辰二村、西朱范村、小埠子村、兴辰村、南辰村、石梁河村、王埠村（24个）
石湖乡	石湖村、大娄村、廖塘村、池庄村、乔团村、尤庄村、团池村、贺庄村、水库村、黄塘村、尤塘村（11个）
山左口乡	山左口村、石桥河村、新王庄、西岭村、大贤庄村、鲁庄村、双湖村、左庄村、南古寨村、团林村、芝麻巷村、黑埠村、北古寨村、中寨村、白石头村（15个）
李埝乡（李埝林场）	李埝村、辉山村、山西头村、楼山村、连旺村、石寨村、恰恰村、高埝村、沃子村、高山村、五联村、李埝林场陈山村（12个）
洪庄镇	车站村、洪庄村、连湾村、十里村、沟南村、王庄村、阳街村、阳春村、塔桥村、双桥村、薛团村、陈西村、陈栈村（13个）
张湾乡	四营村、七里桥、河南村、谷丰村、后湾村、张湾村、卸房村、瓦口村、印屯村、营屯村、大湖村、马墩村（12个）
驼峰镇	驼峰村、驼南村、古庄村、早塘村、前蔷薇村、后蔷薇村、三汪村、朱埠村、董马村、下湾村、上林村、上湾村、鲁兰村、杨大庄村、程庄村、后坞墩村、前坞墩村、八湖村、曹浦村、麦坡村、麦南村、南榴村（22个）
平明镇	平明村、埠上村、马汪村、周徐村、纪荡村、安营村、秦范村、王巷村、虎山村、肖庄村、老庄村、瓦基村、渔林村、关墩村、大陈墩村、南场头村、大顾村、兴庄村、牛湾村、小街村、上房村、汤庄、条河村、王烈村（24个）

（续表）

乡镇街道	村庄名称及数量
黄川镇	黄川村、桃李村、宋吴村、临洪村、前元村、新联村、大尧村、新沭村、东埠村、家和村、许村、南湾村、和屯村、陈墩村、演马村、河套村、旭光村、七里村、时湖村、西埠村、张桥村、前湾村（22个）
房山镇	双岭村、库北村、柘塘村、山后村、山前村、房南村、房北村、芝麻村、林疃村、季墩村、双庄村、桑庄村、陶墩村、贺村、邱庄村、大戚村、兴谷村、吴场村、陆圩村、民主村、寇荡村、大穆村、贾庙村、蒋林村、兴东村（25个）
白塔埠镇	西埠后村、东埠后村、前营村、沈园村、城后村、军屯村、王小埠村、张河村、前圩村、山北头村、徐圩村、前塘村、白塔村、于庄村、新元村、机场村（16个）
安峰镇	山庄村、安北村、大放村、后放村、前放村、山西村、山东村、马湖村、郡庄村、马圩村、钟何村、六马村、峰南村、石埠村、山南村、峰西村、蒋河村、大稠村、陈集村、陈东村、小稠村、库西村、阜塘村、毛北村、毛南村、杨村（26个）
青湖镇	青北村、青南村、东五河村、西丁旺村、西五河村、河口村、东丰墩村、西丰墩村、小屯村、尚庄村、花荡村、东丁旺村、泉沟村、小店村、齐庄村、东岭村、青新村、王朱洲村、阚朱洲村、东朱洲村（20个）
合计	340

2. 明确四大村庄分类

认真贯彻党的十九大精神和习近平新时代中国特色社会主义思想，认真落实党中央、国务院关于乡村振兴的决策部署，坚持创新、协调、绿色、开放、共享的发展理念，按照"产业兴旺、生态宜居、乡风文明、治理有效、生活富裕"总要求，充分发挥乡村建设规划对乡村空间资源要素统筹配置作用，按照中央乡村振兴战略发展规划对村庄的分类，加快推进"集聚提升、城郊融合、特色保护、搬迁撤并"的差异化村庄发展模式，破除城乡二元结构，合理分配公共资源。

东海县19个乡镇街道共拥有346个行政村、979个自然村。其中确定特色保护类村庄共59个自然村，搬迁合并类85个自然村，其他一般村216个自然村，聚集提升类自然村为582个，城郊融合性村庄16个（建成区内28个村庄没有纳入分类，表7-2）。

表7-2　东海特色乡村和其他一般村

乡镇街道	其他一般村	特色保护类村庄
牛山街道	望西（一组、二组、六组）等3个自然村	白岭（湖西）
石榴街道	麻汪（小麻汪）；博望（河南庄、新庄）；大新庄（李家庄）；三里（陶庄）等11个自然村	黄庄；讲习村（东马圩、孔岭）
开发区	丁庄（陈车庄二组）等1个自然村	范埠村
温泉镇	停埠（东南庄、东北庄）；石文港（小朱庄）等12个自然村	尹湾村（尹湾、葛湾村）；羽山村（东庄）
曲阳乡	兴旺（小苏庄）等1个自然村	城北村；城南村；赵庄村
桃林镇	桃东（东小南庄）；各庄村（东小庄、郝家湖、张庄、陈庄、张陈三组）等22个自然村	河西村；卢沃村
双店镇	三铺村（五家庄）；季岭村（南小庄、四间屋）等15个自然村	前双村；昌沂村；孔白村；北沟村；范庄村
石梁河镇	石梁河村；王埠村；西朱范（袁半路、王半路）等16个自然村	胜泉村；贾庄村；界埃村；西朱范村；大南辰村
石湖乡		小尤塘（尤塘村）、石湖村
山左口乡	双湖村（殷庄）；鲁庄村（小鲁庄）；西岭村（沙窝、堰庄）、新王庄（唐小庄）等7个自然村	山左口村（山北、山西、山南）；大贤庄村；南古寨村
李埝乡（李埝林场）	五联村（李家、佘家、老金家、西南金家、西北金家）；陈山（陈行）等22个自然村	李埝村（前李埝、东李埝）；山西头村；楼山村（官庄）、石寨村；恰恰村（东小圩子）；高埝村（西高埝）
洪庄镇	十里村（十里庄）；塔桥村（苏小庄、张小庄、徐小庄）等7个自然村	连湾村；薛团新村
张湾乡	七里桥村（河口、孔庄、前三里、王庄、徐庄、许庄）；河南（小霍庄、后田、前田、小李庄）等21个自然村	七里村（王寨）；河南村（顾后、顾前、桂庄）
驼峰镇	扬大庄（大房）等2个自然村	八湖村
平明镇	条河（前条、小魏、小纪）；牛湾（东赵、小韦庄、西赵、王春）等10个自然村	埠上村；纪荡村
黄川镇	前湾（小石总、侍湾）、许村（吴圩）、南湾（新丰）等5个自然村	前元村；新沭村焦宋顶；演马村
房山镇	民主村（小戴庄、邱仗、小陆庄）、窊荡村（韦庄、小武庄、小徐庄、徐巷）等31个自然村	山前村山前；房北村；陆圩村陆圩

（续表）

乡镇街道	其他一般村	特色保护类村庄
白塔埠镇	沈园（小史圈）；王小埠（下涧口）等5个自然村	于庄
安峰镇	安北村（小官庄）；前放村（小酒镇、陈马庄）等22个自然村	大放村；后放村；山东村
青湖镇	王朱州村（黑老淹）；阚朱州村（徐岭）；小店村（仇玙）；东五河村东五河等4个自然村	青北村（青北村、青西庄园）；青南村
合计	216个	59个

在充分尊重乡村现有格局、乡村产业等基础上，按照重点镇、一般乡镇、重点村、一般村，科学确定乡村体系的等级、规模和职能结构，完善乡村体系（图7-1）。

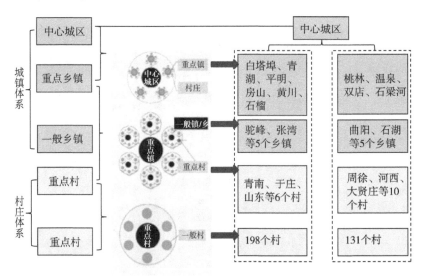

图7-1 东海县村庄等级体系规划

到2025年，东海县将着力打造白塔埠、桃林、石榴街道、青湖4个重点乡镇（街道），将其发展成为承接城市转移、振兴乡村经济、服务支持农村和增强农村活力的小城镇。

着力打造温泉、安峰、石梁河、黄川、平明、双店6个重点特色镇，形成产业特色鲜明、体制机制灵活、人文气息浓郁、生态环境优美、多种功能叠加、宜业宜居宜游的特色小镇。

二、推进乡村产业绿色发展

充分运用"节能减排"和循环经济理念，推广"资源节约与有效利用、能源节约与综合利用、土地资源节约与合理利用"的集成技术，提高工业生态效率，推进农业节本增效，实现绿色发展。以优美的生态环境、自然景观、浓郁的田园风光以及安全优质的生态产品，满足东海县人民日益增长的美好生活的需求，吸引人们观光、旅游、体验。

巩固国家级生态县创建成果，建设国家级生态保护与建设示范区。加快生态修复，实施农田水利开发、土地整理、丘陵山区开发等重点项目，恢复良好的生态功能。打造绿色东海，开展西部岗岭地区及 G310 沿线"百亩连片造林"。严守永久基本农田、生态保护和城市开发边界"三条红线"，至 2020 年全县空间开发强度、城镇空间规模得到有效控制，建设用地总量控制在省控线以内。深化河长制任务落实，对 90 条县级河库任务细化分解，研究制定 2 170条乡村级河道任务清单，着力推进河道长效管理。继续推进城区"三湖四河"综合治理，编制生态修复方案，实行城区河道水循环常态化管理。加大湿地保护性开发，积极构建健康湿地生态系统，建设安峰水库、磨山河、埝河等湿地小区，力争两年内完成《东海县西双湖国家湿地公园》试点工作。加强饮用水水源地保护，到 2022 年重点水功能区达标比例达到 85% 以上，全县乡镇区域供水水源地完成达标建设。在生态环境建设方面，建设以下几项重大工程。

1. 水资源高效利用技术工程

（1）大力发展节水种植，提高水资源利用效率。运用喷灌、滴灌、微灌、雾灌、膜下灌溉等灌溉技术，逐渐建设覆盖规划区域的节水灌溉系统，实行地面水、地下水、大气降水"三水合一"，水—土—植—气"四位一体"的种植措施，充分利用当地水资源，最大限度地提高土壤水的利用率，达到作物高产、稳产、优质、高效的目的；推广农艺、生物节水技术与水利工程及管理措施的优化集成，形成以灌溉与生物节水技术为核心的、与各项节水和集水工程相配套的综合节水农业技术体系，力争到 2022 年灌溉水利用系数达到 0.65。

（2）大力推广工业节水技术，提高水资源循环利用率。农产品加工业、物流业等企业应当遵循中华人民共和国水法、中华人民共和国循环经济促进法等法律法规要求，按照批准的用水计划进行用水；各企业建立和完善循环用水系统，增加循环用水次数，提高工业用水重复利用率，减少取用水量和耗水量；采用省水新工艺、推广新的节水器具、采用无污染或少污染技术及其投入品等减少水资源的消耗，各企业水资源利用应达到清洁生产一级水平。新建、扩建、改建的与农产品加工相关及物流企业，应当制订节水措施方案，配套建设节水设施。节水设施应当与主体工程同时设计、同时施工、同时投产。

2. 耕地保护工程

严守耕地红线，坚决遏制耕地"非农化"、防止"非粮化"。明确耕地利用优先序，永久基本农田重点用于粮食特别是口粮生产，一般耕地主要用于粮食和油、蔬菜等农产品生产，严格控制耕地转为林地、园地等其他类型农用地，强化土地流转用途监管，确保耕地数量不减少、质量有提高。全完成永久基本农田控制线划定工作，确保到 2025 年永久基本农田保护面积不低于 2018 年水平。大规模推进高标准农田建设，确保到 2022 年高标准农田占比达到 65%，所有高标准农田实现统一上图入库，形成完善的管护监督和考核机制。加快将粮食生产功能区和重要农产品生产保护区细化落实到具体地块，实现精准化管理。加强农田水利基础设施建设，到 2022 年农田有效灌溉面积占比达到 80%。综合治理耕地重金属污染，严格监测产地污染，推进分类管理，生态严重退化区域实行耕地轮作休耕试点。

3. 减肥减药技术工程

（1）科学合理施肥，减少化学肥料用量。以《测土配方施肥技术规范》《到 2020 年化肥使用量零增长行动方案》为依据，根据作物需肥规律、土壤供肥性能，合理确定不同作物施肥时期、施肥量和施肥方法，稳步推进测土配方施肥工作。到 2022 年，东海县测土配方施肥技术面积确保 177 万亩以上，肥料利用率达到 40%。示范推广基于云计算、物联网、大数据等现代信息技术的智能化精准施肥技术，示范推广氮磷减量与养分均衡调控技术、有机肥替代无机肥技术、水肥一体化技术、新型肥料应用技术等，减少化学肥料用量。坡耕地应采取等高线种植。

（2）提高作物病虫害综合治理水平，减少农药用量。根据《到 2020 年农药使用量零增长行动方案》，加强作物病虫害预测预报体系建设，预防为主。大力推广生态、物理、生物防治相及科学用药等绿色防控技术，主要农作物植保专业化统防统治覆盖率 65%，主要农作物农药利用率提高到 45%。强化农药使用监管，严禁销售、使用国家禁止使用的农药，严禁滥用农药。建立经营台账和销售记录制度，实行可追溯管理，建立促进生物农药、天敌防治和低毒低残留化学农药等"绿色"植保技术推广的利益驱动机制。

4. 废弃物资源化综合利用技术工程

（1）综合利用畜禽养殖业废弃物，提高资源利用率。根据土地及水资源承载力，在禁养区外的区域，合理规划布局规模化养殖场（养殖小区）。推行畜禽养殖标准化建设和生态型养殖小区建设。养殖场（养殖小区）必须建设雨污分离装置，通过采用固液分离，固体部分建设商品化有机肥厂或高温堆肥以扩大消纳半径；液体部分利用沼气发酵技术、曝气等措施降解有机物、使氮磷浓度降低。修建足够容量且具有防渗性能的沼液储存池、建设具有防渗防雨防风功能的养殖场固体废物储存场，沼肥和沼液种养结合等多种技术模式形成猪-沼-菜、猪-沼-粮、猪-沼-果种养生态循环，实现对规划区域内现有养殖废弃物的资源化利用，到2022年，畜禽粪便综合利用率达到95%以上。

（2）作物秸秆资源化利用，提高经济效益。农作物秸秆是可再利用资源。作物秸秆除了进行还田外，东海县建设食用菌生产企业，以利用农作物生产蘑菇菌棒，种养食用菌，菌渣进一步用作原料与猪牛等养殖废弃物一起堆置有机肥。作物秸秆还可以用来发展草食畜牧业，尤其是花生、大豆秸秆基本用作饲料。

（3）推进农膜回收利用，减少白色污染。积极引进推广废旧农膜再生加工技术，开展可降解和无污染农膜的科技攻关。探索地膜回收利用激励与奖惩机制，开展"交旧领新"或"以旧换新"工作，带动全县废旧农膜及废旧塑料制品的回收加工及再利用；对没能及时回收地膜的农户或者经营组织应给予一定的处罚。

（4）科学处理农产品加工、物流业及种养殖业包装物等废弃物，减少环境污染。采用先进加工工艺，从源头上降低固体废弃物产生量；对固体废弃物进行分类处理，凡是可回收利用的加工残渣等用作饲料或者堆制有机肥，若超过规划区域内的处理能力，也可送一般工业固体废物填埋场进行填埋处理；若为危险废物交由有资质的单位进行处理。对没能及时进行固体废物处理，随处堆放的企业或者经营组织应给予一定的处罚。

5. 大气质量提升技术工程

（1）农业源大气污染物排放控制技术工程。严格遵守国家规定，禁止农作物秸秆、农产品加工废弃物、农产品产品流通过程废弃物、农业生产废弃薄膜及居民日常生活产生的塑料制品等物质焚烧。全面推广种植业、农产品加工业、农产品流通行业废弃物的肥料化，秸秆饲料化、原料化、能源化等综合利用措施，到 2022 年，作物秸秆综合利用率达到 97% 以上。

（2）工业源大气污染物排放控制技术工程。加强新建或者改扩建的农产品加工企业的环境影响评价工作和竣工验收工作，落实大气环境保护"三同时"措施，重点加强脱硫脱硝除尘设施建设，严格执行达标排放和总量控制，按照规定要求设置大气环境防护距离。加强新建企业、规划重点区域的大气污染源的监控能力建设，对省控、县控及其他重点大气污染源安装在线连续监测装置，严格控制和监督重点源大气污染物的达标排放情况。

6. 水环境质量提升技术工程

（1）农村水环境治理工程。加强生活污水源头减量和尾水回收利用。以房前屋后河塘沟渠为重点，实施垃圾清理、清淤疏浚，采取综合措施恢复水生态，逐步消除农村黑臭水体。将农村水环境治理纳入河长制、湖长制管理。

（2）切实抓好河流湖泊环境综合整治。鼓励新上高技术、高效益、低污染、低能耗产业，发展占用资源少、排放污染少、吸纳就业能力强的现代化产业和服务业。重点推进乡镇污水处理厂、尾水通道等重点民生工程建设，完善城东污水处理厂、西湖污水处理厂管网改造、扩容增能。继续开展重点工业污染源、规模化畜禽养殖限期治理，全面落实污染减排目标任务。加强重要湿地保护地的保护工作，逐步解决保护经费不足等问题；切实加强保护地的管理，停止一切导致生态功能继续退化的开发活动和人为破坏活动，实施山水林田湖草综合治理。

7. 生态保护技术工程

（1）"三品一标"标识认证工程。鼓励相关生产企业按照国家"三品一标"标识认证管理方法，对在全生命周期中符合特定的资源能源消耗少、污染物排放低、低毒少害、易回收处理和再利用、健康安全和质量品质高等指标要求的产品进行认证，实现"三品"农产品产量在全县可食用农产品产量中占比达 55% 以上，以全面提高东海县乡村产业产品质量。

（2）生态景观恢复及保护工程。东海县拥有丰富的黄沙储量，数十年来，滥采现象较为严重，影响河道安全、导致耕地塌陷以及破坏农田生态景观，同时黄沙又是不可再利用资源。在全县范围内严格黄沙开采管理，实行黄沙限制开采甚至禁采，对现有的开采场地集中整治，按照国家相关政策要求，对已有黄沙堆放处进行修复，对河道以及塌陷农田进行生态修复，恢复生态景观。

（3）"生态+"技术工程。在东海县乡村产业发展过程中，以科技促升级，把"生态+"理念融入绿色发展，实行"生态+技术"工程，如"生态+农产品加工业""生态+休闲旅游业""生态+种植业""生态+养殖业""生态+基础设施"等工程，加快推进东海县的生态文明建设。

三、实施绿色东海行动

统筹山水林田湖系统治理，实施重要生态系统保护和修复重大工程，优化生态安全屏障体系。大力实施"绿化东海行动"，巩固退耕还林成果，推动森林质量精准提升，推进森林公园建设，强化农田林网建设和工业园区隔离林带建设，加强新沭河等流域及 G310、G30 等道路两岸防护林工程建设；启动农村增绿行动，结合苗木、果树等产业发展，加强农村"四旁"绿化；完善县域森林生态系统网络，构建生态屏障；实施生物多样性保护重大工程，加强生物物种资源的保护和管理。不断优化东海县的生态面貌，整体提升东海县生态绿化环境。

1. 构建生态景观体系

利用全县自然资源完善绿地生态景观体系，提升各类绿地建设品质，突出主题特色，完善以人为本的城区绿地功能配套。将路网、水网、绿网三网有机结合，形成东海"三园、二纵二横、一环一 S"网络化的城市绿地总体布局，承接城市绿肺功能，美化城市环境，增加生态效益，传承历史文化。

2. 全力打造绿色廊道

加强"七纵七横"绿色通道建设，重点加强新建干线道路的绿色通道工程建设，提高已有绿色通道建设标准。优先发挥隔音、降尘和道路防护等生态功能，境内高速公路、铁路两侧各建成宽度 30m 以上的绿色通道，国道、省道两侧各建成宽度 20m 以上的绿色通道，县乡道路两侧各建成宽度 10m 以上的绿色通道。绿色通道风景带根据不同道路及立地条件，在优先考虑生态效益的同时，侧重考虑社会效益，采用常绿与落叶、针叶与阔叶、乔木与灌木等树种混交，建成各具特色的绿色景观带；产业带在优先考虑生态效益的同时，侧重考虑经济效益，树种选择以速生、优质、抗性强的杨树品种、良种刺槐、乌桕、女贞等为主，并采取多树种混交，充分利用混交效应抑制病虫害的蔓延发生，使之成为优质高效、长期稳定的产业带，有机结合景观效果和经济效益，将全县乡级以上道路全部建设成为沿线人民生活保护带，将境内的高速公路、国道、省道建设成为景色亮丽的风景带。

3. 全面推动高标准农田林网建设

结合杨树速生丰产林基地建设，重点提高现有林网建设标准。

（1）结合全县道路和农田水利基本建设，进行"山、水、田、林、路"综合治理，在细致查漏补缺的基础上，实现农田林网绿化率100%，做到有路就有树，有堤就有树。

（2）在中东部农田基本建设条件好的地区，着力加密林网，网格面积控制在100亩以下。在中西部水土流失严重、干旱缺水的地区，进行小流域综合治理，沿等高线每隔50m修筑3～4m宽堤埂，选择耐干旱瘠薄树种，进行乔灌草混交，营建林网。

（3）加大农田林网新树种、新品种的引种力度，采取乔灌混交、针阔混交等措施，改变农田林网结构单一、树种单调现状，提高林网综合防护功能，延长林网防护寿命。

（4）制定农田林网更新采伐标准与规划，做到采伐更新同步，实现农田林网防护功能的永续利用。

4. 加强新农村绿化建设

以新农村建设为载体，运用生态学、林学、美学原理和可持续发展理论，坚持人与自然和谐、生态优先、反映特色的规划理念和保护与建设并举的绿化方针，大力开展村庄道路、河道、庭院、宅旁绿化和公共绿地的建设，完善村庄绿地系统，推进村庄绿化美化，改善农村居民的生产、生活环境，为全面建设小康社会、加快实现农业和农村现代化提供生态保障。到2022年，初步形成"点上绿化成园、线上绿化成荫、面上绿化成林、村周绿化成环"的景观效果。

四、人居环境提升

以建设美丽宜居村庄为导向，以农村垃圾、污水治理和村容村貌提升为主攻方向，开展农村人居环境整治行动，全面提升农村人居环境质量。经过3年努力，东海乡村人居环境质量全面提升，农村生活垃圾处置体系覆盖95%村庄，农村户用厕所无害化改造覆盖95%村庄，95%村庄厕所粪污得到处理或资源化利用，农村生活污水治理率达到80%以上，村容村貌显著提升，管护长效机制初步建立。

1. 乡村垃圾处理工程

重点加强生活垃圾分类管理，积极提升垃圾处理技术手段，提高生活垃圾的循环利用率和无害化处理率。根据东海县人口分布和聚居现状，建立行政村常态化保洁制度，配备专职环卫管理人员，在行政村建立和完善保洁员、清运员、监督员"三员"队伍。根据区位特征，建设区域性垃圾填埋场 2~3 个，或者建设生活垃圾焚烧厂 1 座，用以处理全县农村生活垃圾。全面推行"户集、村收、镇运、县处理"城乡环卫一体化模式。医疗垃圾等固体危险废弃物，必须按照相关标准与规定进行垃圾处理场专门选址、单独收集、运输和安全处理，确保人居环境安全。

2. 农村安全饮水保障工程

根据《饮用水水源保护区划分技术规范》（HJ 338—2018）要求，地表水饮用水源一级保护区的水质基本项目限值不得低于《地表水环境质量标准》（GB 3838—2002）中的Ⅱ类标准，地表水饮用水源二级保护区的水质基本项目限值不得低于《地表水环境质量标准》（GB 3838—2002）中的Ⅲ类标准，并保证流入一级保护区的水质满足一级保护区水质标准的要求。

3. 农村污水处理工程

根据地形以及人口等因素，合理布局建设农村污水处理设施，因地制宜地选用污水处理技术，保证全县建制乡镇农村污水达标排放。开展农村黑臭水体清理整治，以村为单位，以房前屋后、河塘沟渠为重点，清捡漂浮垃圾，实施清淤疏浚，逐步消除农村黑臭水体，实现村内库塘渠水质功能性达标。大力开展生态清洁型小流域建设，推进农村河道综合治理。同时，持续加大对农村黑臭水体治理设施建设的投入，补齐投入不足短板。到 2025 年，实现 80% 以上的行政村生活污水得到有效处理，基本实现污水有序排放，村内小流域和流经河、沟及河道两岸有效治理。

4. "厕所革命"专项行动

积极推广简单实用、成本适中、农民群众能够接受的卫生改厕模式、技术和产品。支持整村推进农村"厕所革命"示范建设，坚持"整村推进、分类示范、自愿申报、先建后验、以奖代补"的原则，有序推进，以点带面、积累经验、形成规范。农村无害化卫生户厕普及率达 95% 以上。

5. 改善村容村貌

根据乡村个性特色，注重保护乡村传统肌理、空间形态和传统建筑，做好重要空间、建筑和环境设计，深挖历史古韵，传承乡土文脉，形成特色风貌。新的建设既要符合农村特点，传承乡村传统肌理，又要体现绿色生态要求和时代特征。组织传统村落的调查和申报，列入名录的传统村落应在公布 1 年内完成传统村落保护规划编制，有效保护乡村的历史建筑和文化遗存。

按照《江苏省特色田园乡村建设行动计划》（苏发〔2017〕13 号）要求，扎实推进特色田园乡村建设，按照省级建设标准，引导乡镇创建 10 个左右特色田园乡村，以点带面，推动全县扎实开展"立足乡土社会、富有地域特色、承载田园乡愁、体现现代文明"的特色田园乡村建设。

五、生态环境保护文化及保护制度建设

通过培训、报纸、广播电视、网络新媒体等多种途径，传播生态环境保护知识、技术等，尤其在青少年之中传播生态环境保护知识；开展规划区域内的生态红线划定。

（一）构建绿色行政体系

1. 创新环境管理体制机制

建立健全环保综合决策和议事协调机制，镇村两级党委政府按照"对本辖区环境质量负总责"的要求，把环境保护放在更加突出的位置，加大对环境保护的统筹协调力度。整合全县各级力量，进一步完善"党委政府强化领导、人大政统一监督、职能部门协同作战、环保部门积极推进、社会公众广泛参与"的大环保工作机制，凝聚全社会力量，形成团结治污、齐抓共管的环保合力。全面加强环保队伍建设，完善基层环保地位，建立与生态文明建设要求相适应的环保体制机制，夯实环保能力能效。

2. 健全绿色政绩考核制度

健全体现科学发展观要求的干部政绩考核体系，在原有政府领导干部政绩考核指标的基础上，转变以 GDP 为核心的政绩观，强化绿色经济和生态环境考核指标，增加生态文明建设考核指标，将资源消耗、环境损害、生态效益等体现生态文明建设状况的指标纳入经济社会发展评价体系，建立体现生态文明要求的目标体系、考核办法、奖惩机制，使之成为推进生态文明建设的重要导向和约束。到 2022 年，生态文明建设工作占党政实绩考核的比例达到 22%。

生态文明建设考核可由东海县委、县政府出台《东海县各级人民政府主要领导生态文明建设实绩考核办法》，考核对象为各级政府各部门主要领导干部，考核内容为东海县生态文明建设年度目标任务完成情况、领导重视、社会评议等；考核工作由县政府办公室牵头负责，县委组织部、县监察局、县人事局等部门参加；每年考核 1 次，考核结果作为评价政绩、评定公务员年度考核格次、实行奖惩与任用的依据之一；对工作成绩突出的，采取表扬、嘉奖、记功、授予荣誉称号等形式进行表彰，作为组织部考察任用干部的重要依据；实绩较差的，当年年度考核不能评为优秀格次，不能在各类评选中推选为先进个人；连续两年考核实绩较差的，对其进行诫勉谈话，要求做出书面检查，并在全县通报批评。

3. 提升政府绿色决策水平

规范政府官员生态文明道德，制定《政府官员生态文明道德规范》，确立政府作为生态文明建设引领者的态度、行动和形象，强化政府生态文明行为的自觉性。政府官员生态文明道德应包含以下主要内容：政府官员应具备的相关生态文明的理解；政府各级行政官员对资源、环境的责任和义务；政府各相关部门对资源、环境的责任和义务；对资源破坏、环境污染事件的惩罚制度；对保护资源环境行为的奖励制度；政府官员日常行为规范（节约、环保）等。在重大事项和项目的决策过程中，优先考虑环境影响和生态效应。对涉及影响群众环境权益的重大事项，严格执行集体决策、社情民意反映、专家咨询、公示听证、环境评价、责任追究等制度。设立地方政府的正式、独立、法定的决策咨询委员会，完善决策咨询委员会的系统网络。健全生态环境保护决策责任追究制度，对造成严重后果的决策者实行终身追究责任。探索编制自然资源资产负债表，对领导干部实行自然资源资产离任审计。

4. 完善生态文明政策制度

通过举办专家讲座、观摩学习和生态文明实践，提高政府决策管理者对生态文明内涵的理解和认识，结合东海县社会经济和生态环境现状，探寻生态文明建设进程中的各类制度缺失，引导相关生态文明制度的制定和完善，根据国家和省相关法律法规和意见措施，重点围绕资源保护制度、损害赔偿制度、责任追究制度等方面，制定完善地方性政策和措施，积极推进用制度保护生态环境。坚定不移实施主体功能区制度，实行资源有偿使用制度，完善生态补偿制度，推行环境污染责任保险制度，建立环境公益诉讼制度，探索节能量、碳排放权、排污权、水权交易制度，逐步形成符合时代要求、符合科学发展、符合东海实际的促进生态文明建设的制度体系。

生态文明建设涉及的制度范围广泛，包括：自然资源资产产权制度和用途管制制度；资源有偿使用制度和生态补偿制度；以经济外部性理论为基础的生态税收制度；以绿色 GDP 核算为代表的生态核算制度；涉及环境意识、生态伦理等的生态文化和教育制度；政府生态引导制度等。

（1）探索完善战略资源和环境评估体系。立对资源总量和环境容量进行全局性优化配置的定期评估制度，进一步贯彻落实规划、区域及重大项目环境影响评价制度，加强对环境风险管理和危机控制研究，强化对政府政策措施及各项重点工作环境影响的评估工作，从源头上保护生态环境。

（2）调整环保领域优惠政策。在当前节能减排的社会大环境下，制定以减排为目的的优惠政策和财税激励机制。①县政府改变"谁污染，谁治理"的原则为"谁污染，谁负责"，污染企业可以委托第三方专业环境治理服务商对其造成的污染进行治理，强调污染企业对末端污染治理结果负责。②环保补贴由建设环节为主转向兼顾运营环节，改变国债等政府资金的使用方式，由以往的环境设施建设前期补贴转变为设施建成后的运营期补贴，即根据环境设施实际处理的达标污水和垃圾的处理成效状况给予补贴，切实发挥环境设施建成后的功能。③对环保运营环节实施优惠政策，制定以减排为目的、针对环境基础设施和企业环保设施专业运营服务的费用优惠政策，减轻运营企业的成本负担，提高运营服务企业积极性，以确保环境设施和设备的高效运行，真正达到减少污染、保护环境的作用。④政府鼓励环保运营商通过特许经营方式参与基础设施建设。

（3）加快环境经济政策体系建设。县政府要加快完善环境公共财政政策，建立环境公共财政投入评估体系，确保环保支出与 GDP、财政收入增长联动，确保环境保护的资金需求，逐步增加环境保护专项资金的投入。

探索生态补偿长效机制，开展生态补偿试点，进一步按照"谁开发谁保护、谁受益谁补偿"的原则，逐步建立环境和自然资源有偿使用机制和价格形成机制。建立生态补偿转移支付制度，按照"谁保护、谁受益""谁贡献大、谁得益多"的导向，对不同区域、不同级别、不同类型的生态红线区域，采取不同标准进行补助，一级管控区给予重点补助，二级管控区给予适当补助，并由县财政每年安排奖励资金，由县财政、环保会同有关部门，对生态红线区域保护任务完成情况进行综合考核，依据考核结果，分配奖励资金。逐步建立制度化、规范化、市场化的生态补偿机制，探索多样化的生态补偿方法、模式，建立区域生态环境共建共享的长效机制。

开展排污权有偿使用，建立污染物排放许可有偿使用和交易制度，推进污染物排放许可有偿使用和交易的制度化、规范化和市场化。到 2020 年，完成化学需氧量排放量在 1t/年以上所有企业的排污许可证发放工作，逐步开展二氧化硫、氨氮、总磷等排放指标有偿使用试点和推进工作。

探索建立实施能源消费总量控制制度，探索建立碳交易制度和相关配套政策措施，逐步建立碳排放权交易体系。推进自然资源价格政策改革，探索与可再生能源使用和脱硝措施相结合的电价，研究促进再生水利用的水价。

加强水资源管理，出台水资源利用和配套管理办法。制定相应的政策措施，对居民生活用水和单位用水实行分类管理，对单位用水实行累进加价收费制度，对居民生活用水实行阶梯式计量水价制度，要求新建住宅小区、写字楼使用节水器具等。对中水回用项目给予政策和资金方面的倾斜，倡导中水回用，利用价格杠杆提高中水回用率。加强水资源和水环境保护，提高水资源利用效率，控制水污染。

（4）完善环境污染责任保险制度。明确投保主体行为，建立环境污染事故认定机制和理赔程序，环保部门通过监测、执法等手段为保险的责任认定提供支持，保险监管部门指导保险公司建立规范的理赔程序认定标准，赔付过程公开透明和信息通畅，最大限度地保障环境污染受害人的合法权益；签约、参保的企业在信贷投放、申请防治资金时可获优先支持。

（5）探索环境污染损害赔偿。开展环境污染损害鉴定评估工作，对环境污染损害进行定量化评估，将污染修复与生态恢复费用纳入环境损害赔偿范围，科学、合理确定损害赔偿数额与行政罚款数额，强化企业环境责任，增强企业的环境风险意识，从根本上解决"违法成本低，守法成本高"的突出问题，改变以牺牲环境为代价的经济增长方式。

5. 严格环境保护执法监管

坚持对环境污染、破坏生态行为"零容忍"，敢于铁腕执法、铁面问责，切实扭转违法成本低、守法成本高的状况，做到在生态环境保护问题上不越雷池一步。加强部门协作，完善环保、住建、发改、农林、国土、城管等部门多方联动执法机制。推动环保司法创新，实现环保行政执法与司法的有效衔接，建立环保局、法院、检察院、公安局联系会商和联合查办案件制度。完善环境问责及纠错、生态环境矛盾定期排查、重点环境问题后督察等制度，对造成生态环境损害的责任者严格实行赔偿制度，依法追究刑事责任。加大对重点用能单位执法检查力度，对严重违反节能法律法规的行为，公开通报，限期整改。

（二）完善公众参与机制

1. 拓宽和畅通公众参与的渠道

生态文明建设要更好地发挥公民和社会组织的作用，充分体现政府、公民、企业和其他社会组织对公共事物共同作用的过程。研究制定"生态文明建设公众参与办法"，主要包含政府及企业环保信息公开公告制度、环保决策、会议的听证会制度和专家协助公众参与制度等内容，推进公众参与规范化、科学化、法制化，积极鼓励市民和社会各界人士参与生态文明建设。要在政府、公民、企业和非政府组织之间建立有效的伙伴合作关系，扩大民众参与，并建立使非政府组织作用得到充分发挥的机制，包括健全法律体系和加强政策鼓励，为非政府组织创造足够的发展空间，同时，通过发挥资金支持方面的作用，直接扶持和培育非政府组织等。一些重大的环境政策在决策前广泛征求意见，对那些密切关系公众环境权益的项目举行听证会，广泛了解公众意见，集中民智，使得决策科学、依法和民主。

在生态文明建设过程中尽可能让广大市民参加有关生态环境问题的决策讨论，特别是那些与市民休戚相关的重大环境工程项目，使他们自觉地参与到城市美好家园的建设中来。城市要制定相关的行政措施，对公众参与提供必要的制度保障，使参与决策管理成为市民的义务和权利。政府部门要做好生态环境知识的普及宣传工作，增强市民对生态城市规划建设的认识与了解。积极鼓励市民和社会各界人士参与生态文明建设，了解东海县生态文明建设的目的、意义及主要工程项目，明确公民在生态文明建设中应尽的义务和具备的权利，指明公众参与生态文明的途径和方法。

2. 引导环保非政府组织健康发展

各级政府及有关职能部门要按照"积极引导、大力扶持、加强管理、健康发展"的方针，改革和完善现行民间组织登记注册和管理制度。研究制定有利于环保民间组织发展的公众参与、公益捐助等规定；深入调查，分类指导，为环保民间组织的健康发展提供有利的政策措施。企业应在努力治理和控制污染的同时，向全社会公开环境信息，接受监督，并对为改善环境扎实工作的环保民间组织提供必要的资金捐助。公众应积极参与环境志愿服务，以实际行动支持环保民间组织的活动。

在环保 NGO（非政府组织）的发展中，环保部门应主动给予帮助指导，呼吁社会和相关部门予以关注，并制定一些扶持政策。一方面，环保部门应整合社会资源，积极帮助穿针引线，为各项公益活动的顺利开展创造有利条件，努力形成政府、企业和环保 NGO "三位一体"的资金保障机制；另一方面，可以建立环保 NGO 活动基金，各环保 NGO 有好的活动方案可以申报，如通过环保部门的审批即下拨一定的经费。

加强环保非政府组织的管理，加强指导和培训，提高环保 NGO 从业人员的素质和专业能力。环保部门应适时组织相应的培训，让公众进一步知晓参与决策、执法监督等方面的权利，了解城市环境资源的真实情况等，从而逐步提高环保民间组织人员和志愿者的自身素质和专业能力，促进环保非政府组织及社会公众依法、理性、有序参与生态环境保护。

第八章　乡风文明与乡村文化发展模式

东海县按照政府主导、社会承办、公众参与的建设方式，积极推进文化建设，1998年和2006年两次被国家文化部评为"中国民间文化艺术之乡"，2007年获得"全国少儿版画创作基地"，2009年被文化部评为"全国文化先进县"，推出了包括《红丝带》《五九看柳》等一批文艺精品，每个村都建立了村级文化活动室，水晶文化、温泉沐浴文化以及少儿版画成为东海县三张文化名片。东海拥有文物保护单位14处，其中大贤庄遗址、曲阳城遗址和尹湾汉墓等3处为省级保护单位。民间歌曲《房四姐》、民间故事《苗坦之传说》、民间舞蹈《跑马灯》和《打莲湘》为连云港市非物质文化遗产。自2003年中央精神文明建设指导委员会开展评选全国文明村镇活动以来，东海县创建国家文明镇、文明村各1个，即青湖镇和桃林镇北芹村，创建省级文明镇4个，省级文明村11个，连云港市级文明镇4个，文明村37个，县级文明镇14个，文明村55个，总计有90%的乡镇为文明乡镇，20%的村为文明村。在中国特色社会主义新时代，为满足人民日益增长的美好生活需要，东海县在乡村文化公共设施完善提升、弘扬传统文化及传统文化的当代价值挖掘、文化对经济建设推动作用、和谐社会构建等领域加强工作，打造品牌，为农民群众提供优质精神食粮，全面推进东海县乡风文明建设。

第一节　发展思路和目标

一、发展思路

坚持定制度、建队伍、建设施、抓创作、抓落实"五管齐下"，以弘扬社会主义核心价值观，保护和传承农村优秀传统文化、传统美德，加强农村公共文化建设，开展移风易俗，改善农民精神风貌，提高乡村社会文明程度为核心，促进东海文化振兴。壮大东海乡村文化人才队伍，如文化志愿者、农村文艺骨干、民间艺人等，以书画、雕塑、影视剧、儿童版画、戏曲、工艺等多种东海群众喜闻乐见方式的进行艺术创作，宣传社会主义核心价值观，弘扬主旋律，弘扬东海传统文化。培育乡村"非遗"传承人，力促非遗传承人的升级，助推非遗常态化的传习，组织编纂非遗类的书籍，提升非遗知名度；加大高层次文化人才培养力度，鼓励专家深入乡村，贴近农民，充分挖掘具有东海农耕特质、地域特点的物质文化，推出具有东海乡村特色、充满正能量、深受农民欢迎的文艺作品；完善与提升村级公共文化服务设施，组织各种文化进村活动，丰富农民文化生活，持续开展文明村镇创建工作。

二、发展目标

到 2022 年，东海县乡村文化振兴取得重要进展，公共文化服务基本实现标准化、均等化，农村公共文化设施、队伍、活动、投入得到保障，群众喜闻乐见的文化产品和文化服务更加丰富繁荣，农村文化人才支撑力明显增强，素质高、业务精、结构稳的乡土专业文化人才队伍进一步壮大；农村思想道德建设切实加强，乡村文明水平显著提升，形成文明乡风、良好家风、淳朴民风，焕发文明新气象。

1. 精神文明建设领头雁

将新时期精神文明建设与乡风文明建设相结合，立足新的历史方位和乡村振兴战略，牢记新的文化使命，坚持与时俱进、奋发有为，更好推动精神文明建设走向自觉、走进百姓、走在实处、走出新路，成为江苏省精神文明建设的先驱。

2. 地域文化传承排头兵

充分挖掘东海县的传统文化、历史文化、名人文化、产业文化、红色文化等，传承和保护优秀文化传统，并把保护传承与开发利用相结合，赋予新的时代内涵，发展成为地域文化传承典范区。

第二节　重点工程

一、实施铸魂强农工程

组织各类乡土文化人才，以群众喜闻乐见的方式，运用群众听得懂、听得进的语言进行大量的创作、有力地宣传，增进人们对习近平新时代中国特色社会主义思想的政治认同、思想认同、情感认同，让习近平新时代中国特色社会主义思想在东海家喻户晓、落地生根，像阳光雨露一样走进千家万户，提振乡村精气神，引导干部群众心往一处想、劲往一处使，齐心协力创造幸福生活加强对社会思潮的辨析引导，正本清源，扶正祛邪，帮助人们划清是非界限、澄清模糊认识，巩固和壮大乡村意识形态阵地。

组织全县各乡镇（场、街道）在乡村道路、人口密集场所醒目位置，设置公益广告、宣传栏等，使其成为宣传社会主义核心价值观、优秀传统文化、文明礼仪知识的重要载体。组织宣讲团、举行报告会、开办农民课堂、举办图片展等形式，加强理想信念教育。19 个乡镇，每个乡镇在政府所在地分别建设 1 处建设社会主义核心价值观、传统文化、榜样人物等宣传街道、广场、公园等。

二、深化文明村镇创建活动

推动文明村镇连片创建。按照中央文明办文明村镇创建规范，各乡镇（场、街道）带动所辖村开展文明村创建，参评省文明乡镇的，所辖村 70%须建成县级以上文明村；参评全国文明乡镇的，所辖村 80%须建成县级以上文明村。深入实施"城乡结对、文明共建"工程，组织各级文明单位结对帮扶经济薄弱村。

深化乡村文明行动。发挥党员干部、先进典型、公众人物示范作用，广泛开展"传家训、立家规、扬家风"活动，弘扬家庭美德，讲好家风故事，以良好的家风带动乡风民风。通过宣讲巡讲、主题讲座、道德讲堂等途径和阵地，综合利用大众传媒与新媒体技术，推动科学的家庭教育理念和知识大众化。举办家庭书法、绘画、摄影创作征集等活动，展现家庭和美、邻里和睦、社会和谐。抓好农村家庭题材精神文化产品的规划和创作，推出更多有筋骨、有道德、有温度的优秀作品。深入开展文明家庭、党员示范户、星级文明户、五好家庭创建等活动，持续开展寻找"最美家庭""东海好人"活动，到 2025 年"东海好人"达到 40 名。

深入开展乡村移风易俗活动。传承中华文化精髓，融入现代文明理念，突出庄重感仪式感，用蕴含优秀民俗、体现时代风尚的婚丧新文化取代旧陋习旧风俗，充分发挥农村党员、干部、教师等的示范作用，加强对党员干部操办婚丧喜庆事宜的监督。推动全县所有行政村建立红白理事会并常态有效运转，组织农民群众共议共定红白事消费标准、办事规模、礼仪模式等并纳入村规民约，用百姓认可的"规矩"推动移风易俗。大力普及厚养薄葬观念，倡导仪式从简办理、文明办理。

三、实施优秀传统文化传承发展工程

推进非遗项目进乡村、进学校、进课堂；完善传承项目和传承人的准进和退出机制，合理利用和传承发扬东海县的非物质文化遗产。遴选一批符合条件的文物点推荐公布为县级或省级文物保护单位。每年实施 2~3 项文物保护单位维修保护和展示利用工程。依法打击农村地区文化市场"三俗"表演等违法违规现象，维护农村地区文化市场良好秩序。

繁荣发展东海乡村网络文化，加强乡村文化遗产保护展示。实施传统文化乡镇、传统村落及传统建筑维修、保护和利用工程，加强历史文化名镇、名村、传统民居、古树名木保护。推进"乡村记忆"工程，加大对农村历史街区、传统民居院落和生产生活民俗的挖掘保护，把乡村文化保护传承与新型城镇化建设相结合。推进乡村优秀文化资源数字化，建立历史文化名镇、名村和传统村落"数字文物资源库""数字博物馆"，加强农村优秀传统文化的保护与传承。到 2022 年，全县推出 2 个"乡村记忆"民俗节庆项目，建设 4 个"乡村记忆"村落（街区），10 个"乡村记忆"民居，建设互联网助推乡村文化振兴建设示范基地 10 个，使乡村成为有历史记忆、地域特色的文化之乡、精神家园。

大力传承红色基因。认真践行"红色基因就是要传承"，深入挖掘东海县丰富的革命历史文化资源，统筹全县红色文化资源保护开发利用。推动革命文化教育普及，建好用好东海党史馆、安峰山烈士陵园、东海县刘少奇纪念馆等红色教育基地，深化党史、国史学习教育，讲好东海故事。加强爱国主义教育基地建设，推动爱国主义教育基地改陈布展，建设革命历史档案信息数据库，深入推进爱国主义教育基地网上展馆、VR 虚拟现实展馆建设。

用好东海三张文化名片，尤其是少儿版画名片。鼓励少儿版画创作者和指导老师，深入到乡间地头、农村田舍，与广大农民亲密接触，感受东海农业、农村、农村中存在的具有时代印记的先进人物、事件等，用版画记录东海县乡村振兴工作的点点滴滴，宣传东海乡村振兴中取得的巨大成绩。

四、实施文化惠民工程

加快构建公共文化服务体系，推进基层综合文化服务中心建设。实现全县乡村、街道（社区）综合性文化服务中心全覆盖；建立县级图书馆为总馆、乡镇中心农家书屋为分馆、村（社区）农家书屋为馆藏点的总分馆服务网络，实现全县农家书屋与图书馆通借通还覆盖率达到90%，基本完成全县农家书屋数字化建设。

加强资源整合，综合用好文化科技卫生"三下乡"等平台载体，把更多优秀的电影、戏曲、图书、期刊、科普活动、文艺演出、全民健身活动送到农民中间，丰富农民群众文化生活。以乡镇为单位，继续做好政府向社会力量购买公共文化服务工作，向本地区或外地文艺表演团体购买群众喜闻乐见、内容雅俗共赏、主题健康向上的文艺演出，进乡入村（社区）为群众免费演出。

实施农村文化广场——"百姓舞台"提升工程，建设农民群众欢迎、实用性强的农村文化广场设施网络，建立可持续发展的广场文化活动运行机制。

五、实施乡村文化人才培育工程

加大东海乡土高层次文化人才选拔培养、资助扶持力度，繁荣东海县文艺创作，宣传东海县乡村振兴的方方面面，丰富群众文化生活。培育乡村"非遗"文化传承人，鼓励技艺精湛、符合条件的中青年传承人申报并进入各级非物质文化遗产代表性项目代表性传承人队伍，形成合理梯队。加强基层宣传文化队伍建设，壮大乡村文化人才队伍，对现有乡镇（街道）综合文化站人员进行登记，及时补充专业人员，做到专岗专用；每3年对文化站长和工作人员轮训一遍，提升乡镇文化站组织管理水平；在村、社区配备宣传员，加强农村社区文艺骨干培训。

六、实施科技文化融合工程

"科学与艺术在山脚下分手，在山顶上汇合"。实施科技文化融合工程，充分发挥乡风文明与乡村文化建设对科技创新、产业优质发展的软支撑作用，形成一种积极向上、敢为人先、勇于探索、辛勤奋斗的东海精神，全县人民共同能力，探索出一条适合东海特点的乡村振兴之路；科技创新也有助于乡风文明与乡村文化建设，应用最新的科技创新成果，提升东海县新闻出版、广播影视、演艺、艺术品等传统文化产业的技术革新，发挥科技创新传播文化功能，方便快速地将党的方针政策、中国特色社会主义新时代的新人新事、社会主义核心价值观等一切宣传改革开放成果传递给广大人民，弘扬新时代的正能量；科技创新成果也有助于推动职业化教育、社会化教育、思维拓展型教育、创新教育、互联网教育等多种教育的发展，进而传承东海优秀文化、提升东海人民科技素养。

第九章　现代乡村治理模式

乡村治理是国家治理的基石，没有乡村的有效治理，就没有乡村的全面振兴。有效是基础。在乡村治理中，自治、法治与德治，一体两翼，并行不悖，既相互独立，又紧密联系，在中国共产党的统一领导下，共同构成乡村治理的有机整体。以法治保障自治，以德治支撑自治，在自治中体现法治，信守德治，用德治促进法治，走乡村善治之路，实现乡村治理体系和治理能力现代化。

东海县在基层党组织建设、村民自治、平安乡村建设、公民普法教育、村级财务公开等方面做了很多工作，取得良好成效；但也应该看到，和乡村振兴20字目标相比较，基层组织尤其村级组织的号召力与凝聚力等、乡村德治、公民依法办事能力、农村新型经营组织支部建设等方面还存在较大差距，新的乡村治理问题层出不穷，如环境污染治理、公共管理群众参与率不高、农村越来越空心化、家庭越来越空巢化、农民越来越老龄化、农村"三留守"、农村人财物外流导致的村庄传统结构性力量失衡、乡村内生的治理资源衰退等问题，乡村治理难度加大。

第一节　发展思路和目标

一、发展思路

在中国特色社会主义新时代背景下，把握"三农"工作出现的新问题、新特点，遵循"党的领导，服务下沉，共建共治，共享治理"十六字方针，紧紧依靠党的领导，建立健全各级政府负责、社会协同、公众参与、法治保障的现代乡村社会治理体制，形成以农村基层党组织为核心、基层政府为主导、基层群众性自治组织为基础、多元社会力量为支撑的乡村治理结构，充分利用现代科学技术成果在乡村治理尤其是平安乡村建设、诚信体系信息化建设中的作用，强化法治、深化自治、实化德治，确保乡村社会充满活力，为东海乡村振兴提供强有力支撑。

二、发展目标

全面推进东海县乡村治理水平和治理能力现代化，提升基层党组织领导力、凝聚力，为乡村振兴提供坚强的政治保证和组织保证，提升基层党组织在乡村振兴中的治理能力、服务群众的能力，提升基层组织的推动力，将广大基层党员和群众的思想、行动、力量和智慧拧成一股绳；完善以村民自治为核心的乡村自治体系，构建有效的乡村法治体系，整合社会价值，塑造乡村德治秩序，确保广大农民安居乐业，农村社会安定有序。

第二节　重点工程

一、农村基层组织能力提升工程

（一）提升基层党组织领导力

党的基层组织是政治组织，是农村各种组织和各项工作的领导核心。镇（街道）党（工）委是龙头，村党组织是基础，建设适应乡村振兴需要的镇办领导班子，把懂农业、爱农村、熟悉农村产业的干部放到乡村振兴的第一线；优选配强农村党支部书记，实施村党组织书记星级化管理，建立村书记后备人才库，全员轮训村党组织书记、党建专干，打造过硬农村党组织，继续实施农村"头雁领航"行动、后备力量"育苗"工程，突出政治功能，发挥农村基层党组织坚强战斗堡垒作用，为乡村振兴提供坚强的政治保证和组织保证，坚持以党建引领美丽乡村建设。完善组织委员、驻村干部、村书记（第一书记）、党建专干"四轮驱动"村级党建责任体系，层层落实固本强基政治责任，解决部分基层党组织"软、弱、涣、散"问题，增强农村基层党组织在乡村治理中的战斗堡垒作用和农村党员的先锋模范作用。做好党员干部结对帮扶工作，充分发挥驻村扶贫工作队和驻村"第一书记"抓党建、帮增收、促发展的作用。注重扶贫与扶志、扶智相结合，积极运用农村党员干部现代远程教育、电视夜校等手段，开展脱贫技能和致富本领培训。通过发挥基层党组织在精准扶贫、精准脱贫中的政治优势和组织优势，打赢脱贫攻坚战，为乡村振兴筑牢基础。

（二）提升基层党组织凝聚力

实施乡村振兴战略需要把基层党组织的组织优势、组织功能、组织力量充分发挥出来，把广大基层党员和群众的思想、行动、力量和智慧凝聚起来，齐心聚力投身乡村经济社会建设。每月要定期开展"主题党日"活动，抓好党员日常教育管理。规范民主生活会、组织生活会、民主评议党员等制度，用足用好批评与自我批评这一锐利武器，提高党组织生活的针对性和实效性。经常了解群众对党员、党的工作的意见，改进工作作风，为群众排忧解难、办实事好事，加强村级组织活动场所建设。继续深入开展"党员亮身份践承诺""共产党员先锋岗"等党员服务群众活动，做广大群众的贴心人，进一步密切群众关系。通过落实基层党组织教育党员、管理党员、监督党员和组织群众、宣传群众、凝聚群众、服务群众的职责，不断激发广大党员群众建设美丽家园的内生动力。

（三）提升基层党组织推动力

实施乡村振兴战略，离不开各类人才的作用。要加强农村实用技术人才、经营人才、管理人才培养力度，培养造就一支懂农业、爱农村、爱农业的"三农"工作队伍。研究制定"回引"农村基层人才实施办法，以美丽乡村建设、乡村旅游发展为支撑平台，在政策、资金上给予支持，"回引"一批眼界宽、思路活、资源广、有一定资本的外出务工致富能人回村任职。注重从大学生村官、村民组长、农村致富青年中发展党员，培养村级后备干部，每个村保持3~5名后备干部。借鉴发达地区资源开发、土地营运、实体项目带动等发展经验。探索设立"农村党员创业带富"小额贷款项目，鼓励和支持党员领办创办农民合作社，发展特色产业，实现每个村都有1名以上党员致富带头人，每个有帮带能力的党员至少结对帮扶1户建档立卡贫困户。

（四）提升基层组织治理能力

积极探索乡村治理新模式，加快完善"一核两委一会"（"一核"即以党支部领导为核心；"两委"即村委会和村务监督委员会；"一会"即村务协商会）乡村治理体系。实行"四议两公开"民主决策，推进村务民主协商，发挥各类人才、新乡贤等在乡村治理中的作用，密切党群干群关系，促进农村社会稳定。加强农村法治建设和精神文明建设，规划建设好每个村的文化室、农家书屋、文体活动场所等基础设施，大力弘扬优秀传统文化，推行家风、村风、党风教育，以好家风带村风促党风。用社会主义核心价值观引导农村社会思潮，使之成为农村文化的主流。制定村规民约，大力移风易俗，改变农村传统落后的宗族宗派观念，抵制、消除封建迷信等各种不良思想对农村社会的影响，最大面积地用先进文化占领农村阵地。深入开展"讲诚信、守法纪、除旧习"活动，引导农村党员诚实守信、遵纪守法、破除陈规陋俗，抵制封建迷信活动，摒弃大操大办红白喜事的做法，带动广大群众树立文明新风，提高文明程度。

（五）提升服务群众的能力

要树立"融入中心、服务大局""服务群众、促进和谐""继承发扬、改革创新"的理念，全面建设服务型党组织。要制定工作细则，着力把全程服务理念落实到具体的增收致富项目上、落实具体的对象和内容上、落实到具体的服务方法上、落实到各职能部门具体的职责上，着力推进全程服务理念具体化，让全程服务成为各级党组织的自觉追求，让全程服务成为基层组织建设的鲜明主题。要把"一站式""代办式""点题式"等新型服务方式制度化，增强服务实效。要建立服务保障体系，推动人、财、物向基层倾斜，落实村、社区党组织经费保障和工作条件，用好用活特殊困难党员和离职村干部帮扶基金，进一步关心关爱干部，充分调动服务群众的积极性。

二、完善乡村自治体系

构建有效的乡村自治体系，必须以完善村民自治制度作为根本性举措。村民自治是健全乡村治理体系的核心。坚持自治为基，加强农村群众性自治组织建设，健全和创新村党组织领导的充满活力的村民自治机制。

（一）完善乡村自治制度

严格落实《村民自治章程》《村规民约》等为基础的村民自治制度体系和以村委会任期工作目标、村务公开、财务管理、村干部廉洁勤政、定期民主评议村干部为主要内容的村级班子工作运行规章制度，实现以制度管人、按程序理事的工作目标。深入推进民主决策，要建立健全村级听证会、恳谈会等民主协商制度，坚持把民主协商作为村级重大事项决定的必经程序，规范村民会议和村民代表会议的议事程序，对村经济社会发展规划、产业结构调整、集体投资项目、兴办公益事业、大额财务开支、村庄建设规划等与农民群众切身利益密切相关事项，必须按照民主决策程序办理。通过完善村民自治制度，化解农村社会矛盾，做到"小事不出村、大事不出镇，矛盾不上交"，全面调动村民参与乡村治理的积极性，激发其建设家园的内生动力。

（二）推进基层管理服务创新

创新基层管理体制机制，整合优化公共服务和行政审批职责，打造"一门式办理""一站式服务"的综合服务平台。在村庄普遍建立网上服务站点，逐步形成完善的乡村便民服务体系。大力培育服务性、公益性、互助性农村社会组织，积极发展农村社会工作和志愿服务。

（三）深化农村骨干队伍建设

组织实施"一聚三强"带头人队伍建设计划（"聚"即回聚优秀人才，"强"即政治引领强、创业富民强、文化善治强），出台激励性政策支持人才回乡创业工作，发挥农村优秀基层干部、乡村教师、退伍军人、文化能人、返乡创业人士等新乡贤作用。

三、健全乡村法治体系

法治是现代国家治理的基本准则和手段，是国家治理体系和治理能力现代化的重要依托，构建有效的乡村治理体系，也必须以乡村法治作保障。

（一）持续开展法治教育宣传

深入开展"法律进乡村（社区）"活动，广泛宣传《中华人民共和国村民委员会组织法》《中华人民共和国土地管理法》《中华人民共和国农村土地承包法》《中华人民共和国婚姻法》等与乡村群众生产生活密切相关的法律知识，不断增强农村基层干部和农民群众的法治观念和依法维权意识，在乡村形成办事依法、遇事找法、解决问题用法、化解矛盾靠法的良好法治环境。乡村依然是熟人社会，遵循熟人社会规律。针对乡村干部群众知识结构和认知特点，创新乡村法治宣传教育，开展专题法治教育培训，鼓励村民积极参与基层司法、法律监督等法治实践活动，提高乡村基层干部群众的法治意识，使他们形成信法守法的行为习惯。

（二）促进基层依法行政执法

增强基层干部法治为民意识，将政府涉农各项工作纳入法治化轨道。基层政府要依法依规处理农村土地征迁、集体财产分配等问题，做到公开公正，农民才能够充分感受到法治的好处。深入推进综合行政执法改革向基层延伸，推动执法队伍整合、执法力量下沉，建立镇（街道）综合执法平台，加大农村的执法力度。健全农村公共法律服务体系，抓好村（社区）法律顾问工作，落实"一村一法律顾问"，2022年实现村法律顾问全覆盖；加强对农民的法律援助和司法救助，抓好困难群众法律援助工作。大力开展省级

"民主法治示范村"创建活动，到 2022 年底，创建率达 50%。推进村（社区）司法行政工作室规范化建设，完善人民调解、行政调解、司法调解联动工作体系，持续推进以村为单位设立调解小组的做法。

（三）加快完善乡村公共法律服务体系

均衡配置城乡公共法律服务资源，降低法律援助门槛，扩大法律援助范围，建设东海县"互联网+乡村公共法律服务"体系。加强农村司法所、法律服务所、人民调解组织建设，充分发挥司法所统筹矛盾纠纷化解、法治宣传、基层法律服务、法律咨询等功能，推进法律援助进村、法律顾问进村，大幅度降低干部群众用法成本。引导群众以正当的途径、以法律的手段、以理性的态度，合理合法解决矛盾纠纷，将低收入群体、残疾人、农民工、老年人、青少年、单亲困难家长等特殊群体和军人军属、退役军人及其他优抚对象作为公共法律服务的重点对象。逐步培养大批尊法学法懂法守法的新型农村干部，培育信法学法用法守法的新型农民。

（四）推进平安乡村建设

健全落实社会治安综合治理领导责任制，实现 346 个行政村警务室全覆盖，完善提升网格化管理、社区化服务、信息化建设、东海天眼四大工程。推进平安东海、平安乡镇、平安村庄建设，创新社会治安综合治理，抓好矛盾风险源头防控，开展社会治安、乡村治理、金融房贷、工程建设、资源环保、市场流通等问题专项整治，建立立体化社会治安防控体系。健全农村公共安全体系，加强农村矛盾纠纷多元化解，持续开展农村安全隐患排查整治，提升特殊人群服务管理水平，有效防范化解各类不稳定因素。加强农村警务、消防、安全生产等工作，坚决遏制重特大安全事故。让广大农民群众感受法律力量、认知法律尊严、增强法律信仰。

四、重塑乡村德治秩序

德治是健全乡村治理的重要支撑。随着现代社会经济高速发展，农村人财物外流导致农村社会传统结构性力量失衡、道德缺失、人生价值观荒漠化等。要坚持德治为先，传承弘扬农耕文明精华，以德治滋养法治、涵养自治，让德治贯穿乡村治理全过程。

（一）强化道德教化作用

以社会主义核心价值观为引领，实施"思想强农"工程，建立道德激励约束机制，发挥"道德讲堂"作用，强化农民的社会责任、规则意识、集体意识、主人翁意识，坚决反对不孝父母、不管子女、不守婚则、不睦邻里等行为。鼓励见义勇为，弘扬社会正气。广泛开展好媳妇、好儿女、好公婆等选树活动，开展寻找"东海好人（最美乡村教师、医生、村官、家庭、农民企业家等）"活动。发挥老党员、老干部、老军人、老教师、老模范等各类群体带动作用，深入宣传道德模范、身边好人的典型事迹，弘扬真善美，传递正能量。

（二）加强乡村德治建设

深化乡村文明行动，深入开展农村群众性精神文明创建活动，开展文明村镇、星级文明户、文明家庭等创建工作。开展优秀传统文化传播，立家训家规、传家风家教，倡文明树新风、革除陈规陋习等活动，推进家风建设、文明创建、诚信建设，依法治理、道德评议等行动，实现居民自治良性互动。推广建立"五老人员"调解工作室、"公开听证法"等化解矛盾做法，形成全民参与社会治理的共建共享共治格局。

（三）培养健康社会心态

加强社会心理服务体系建设，建立健全社会心理服务组织体系和统筹协调机制，深入开展社会心理服务疏导和危机干预工作。聘请专业社会工作者或心理辅导人员、志愿者，开展心理健康宣传教育和心理疏导，发挥现代信息技术在社会心理服务疏导和社会矛盾纠纷调处化解工作中的功能作用。

（四）加强农村诚信体系建设

将诚信文化建设摆在突出位置，大力宣传普及个人信用知识，积极营造"守信者荣、失信者耻、无信者忧"的社会氛围。以诚信教育为重要内容，全面加强社会公德、职业道德、家庭美德和个人品德教育，提升个人道德水平。加强农村个人诚信体系建设以及失信人员信息披露体系（如抖音等），完善个人守信激励与失信惩戒机制，对优良信用个人提供更多服务便利，对严重失信个人实施联合惩戒，对严重失信构成违法的坚决追究法律责任。

五、实施乡村数字治理

推动"互联网+"社区向农村延伸，实现乡村生产数据化、治理数据化与生活数据化，保障农民耕地承包经营权、宅基地成员权和使用权、集体资产收益分配权，促进就业、医疗、社会保障、体面居住、公平教育等社会事业更加便利化地服务于农村居民，逐步实现信息发布、民情收集、议事协商、公共服务等村级事务网上运行（图9-1）。

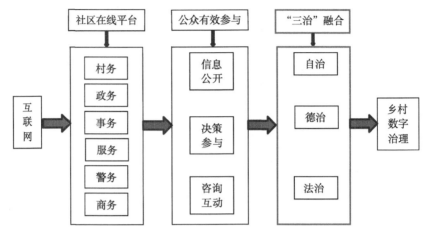

图 9-1 乡村数字治理

六、强化基层支部共建

紧扣实施乡村振兴战略，有序推进行县内外政企事业单位与基层支部（专业合作社党组织）合建共建、联动提升。通过组织联建带动资源共享、发展联动、治理同抓，形成农村党建强起来、农业经济活起来、农民群众富起来的整体效应。推动基层党建由自我封闭向多方融合转变，由局部优化向整体优化转变，通过党组织上下贯通、左右联动，有力有效地把农村人力资源组织起来，引领发挥优质资源"外溢效应"，推动共同发展、共同进步。

（一）理念引领，凝聚组织共识

以观念变革引领组织变革，以组织变革引领农村基层党建工作创新。要适应农村工作格局深刻变化需要，从组织方式入手加强党对农村工作的领导。需要通过组织优势发挥带动发展资源整合，实现农村均衡协调发展。推动基层党建由自我封闭向多方融合转变，打破以村为单位的传统模式，着力构建大党建工作格局；推动基层组织由局部优化向整体优化转变，通过党组织上下贯通、左右联动，有力有效把农村人力资源组织起来。

（二）建强支部，优化组织设置

基层支部与辖区内的机关企事业单位党组织共建，实现资源共享、区域共治、多赢共促。打破一村一支部的传统组织架构，拓展强村的发展空间，解决弱村的发展难题。通过贫富联合、强弱结合、大小组合，使服务群众的资源更丰富、手段更多元，有利于加强新时期农村群众工作。通过组织相融、队伍相融、思想相融，推动了党组织有形有效覆盖，使不同类型党支部整体强起来，巩固发挥农村基层党组织战斗堡垒作用。

（三）加强领导，统筹发挥组织作用

整合组织资源，实行组织生活联过联办，把党员凝聚起来。通过统筹发挥组织作用，实现合建共建向"合力"共进转变。发挥优质资源"外溢效应"，形成强村富村大村带弱村穷村小村格局，推动共同发展、共同进步。通过加强组织统筹，不同村域的经济社会发展事务系统整合，增强了基层党组织整体功能，推动了党的组织优势转化为发展优势、治理优势。

（四）系统推进，加强组织保障

以农村党支部合建共建为切入点，市、县、乡上下联动、齐抓共管，实现党建向基层延伸、向产业延伸，强化农村"大发展"的基础。通过村党组织合建共建，打通党的组织资源、人才资源、干部资源对接农村经济社会发展的转化渠道，形成了生产要素的"聚集效应"。

第十章 农村基础设施与公共服务建设模式

2017 年东海县拥有县道 461km、乡道 984km 和村道 1 291km；全县乡村实现 4G 全覆盖，互联网接入用户 88 万户；建设 10 个片区投递配送中心，建设 346 个加盟店，实现乡村全覆盖；建有 21 个乡镇卫生院，病床 1 691 张，新型农村合作医疗保险参保率为 98.2%；农村低保保障金为 450 元/月，接近城市低保保障金为 465 元/月；建有乡镇、村基层文化站及公共图书馆 40 个，藏书 22 万册，体育场馆 12 处；有乡镇中学、小学 215 所，幼儿园及托儿所 356 所；农业无害化厕所普及率 81.38%，47.37% 的乡镇通管道燃气，管道燃气入户率为 44.36%，自来水入户率为 80.21%。东海乡村基础设施和公共服务设施建设已取得较好成绩。但也应该看到，这些基础设施及公共服务设施建设主要集中在乡镇，乡村更加薄弱；乡镇之间不平衡，乡村道路尤其是村中道路硬化比率偏低，乡村公共图书利用率不高且农村人均拥有公共图书不足 1 册，乡村幼儿不能就近入园、乡村缺少污水及垃圾处理设施、城乡基础建设与公共服务设施数量质量差异较大等问题。

第一节 发展思路和目标

一、发展思路

农村基础设施的落后和公共服务资源的匮乏是制约农村经济社会发展的关键短板，也是导致城乡发展不平衡的重要因素。围绕东海县农民群众最关心、最直接、最现实的利益问题，按照"抓重点、补短板、强弱项"工作方针，遵照中共中央、国务院关于城乡融合发展相关精神和实施乡村建设行动精神，加快实施东海县城乡一体化发展，持续改善乡村道路系统、给排水系统、电力电讯系统、信息系统、垃圾处理系统等基础设施；提升以公共卫生、医疗、教育、文化、养老、就业等公共服务体系建设，提高农村美好生活保障水平，满足广大农民群众日益增长的民生需要，让农民群众有更多的获得感、幸福感、安全感。同时，通过基础设施和公共服务体系建设、生态环境整治，使乡村人享受到与城市人同等的生活条件和公共服务，切实改善农村民生。为了避免重复，数字乡村以及农村卫生环境基础设施建设相关内容列入其他章节，本章不再赘述。

二、发展目标

（一）打造一个样板——苏北乡村振兴"基础设施及公共服务设施"建设样板

东海县地处苏北地区，整体发展落后于苏南苏中地区，按照"高质发展、后发先至"原则，持续改善乡村道路系统、给排水系统、电力电讯系统、信息系统、垃圾处理系统等建设，在具备条件的乡镇加快建设燃气供应；农村公共服务体系进一步健全，基本公共服务水平显著提高，农村文化基础设施建管用水平得到提升，乡村优秀传统文化得以传承和发展，农民精神文化生活需求基本得到满足，优先发展农村教育事业、实施健康乡村建设、快速发展农村养老等社会保障体系建设，基本实现城乡义务教育、医疗卫生、社会保障等基本公共服务均等化。

（二）完善一个体系—城乡基础设施与公共服务一体化体系

建立城乡基础设施与公共服务一体化规划体制，积极探索城市公共资源向农村延伸服务的有效机制和实现形式，完善以道路、供水、供电、信息、广播电视、防洪和垃圾污水处理等设施等为重点的农村基础服务设施，提升以公共卫生、医疗、教育、文化、养老、就业服务等为重点的农村社区服务功能。加大财政对农村基础设施和公共服务设施建设的投入力度，整合使用涉农资金，健全投入保障、建设和运行管护机制。加快农村新型社区建设，引导农村人口适度集中居住，提高农村公共服务的供给效率。

第二节　重点工程

一、提升农村基础设施建设水平

2007 年 12 月《关于切实加强农业基础建设进一步促进农业发展农民增收的若干意见》发布，农业生产性基础设施优先得到建设支持，同时随着现代科技进步，生产性基础设施的功能不断扩展，对农业生产的基础支撑水平进一步提升。在农业生产性基础设施得到优先建设后，国家将农村生活类基础设施建设纳入议程，但城乡公共基础设施建设存在的差异。东海县要积极实施乡村建设行动，按照城乡统筹发展思路，重点把公共基础设施建设放在乡村，坚持先建机制、后建工程，加快推动乡村基础设施提挡升级，实现城乡基础设施统一规划、统一建设、统一管护。

（一）建立东海县城乡基础设施一体化规划建设机制

统筹规划城乡基础设施，统筹布局道路、供水、供电、信息、广播电视、防洪和垃圾污水处理等设施。健全分级分类投入机制，对乡村道路、水利、公交和邮政等公益性强、经济性差的设施，建设投入以政府为主；对乡村供水、垃圾污水处理和农贸市场等有一定经济收益的设施，政府加大投入力度，积极引入社会资本，并引导农民投入；对乡村供电、电信和物流等经营性为主的设施，建设投入以企业为主。明确乡村基础设施产权归属，由产权所有者建立管护制度，落实管护责任。

（二）继续加强农田水利基础设施建设

鉴于东海县水利基础设施建设较弱、投入不足、灌溉管理粗放、用水效率较低等问题，做好现有水库的日常运行监管及维修，开展河道疏浚工作，尤其是小流域的河道疏浚工作，保证农业灌溉用水；在西部岗岭地区，继续开展小流域治理，防控水土流失工作；在西部中部地区选取土地资源条件、水源条件和产业条件较好的灌区修建引水、高效节水灌溉设施，引进研发高效节水灌溉技术。拓宽农田水利基础设施融资渠道，允许私人资本单独或联合投资建设小型农田灌溉设施，承认修建者的所有权。

（三）加快农村公路提档升级

结合乡村产业发展布局，要求交通运输提供有力支持，在发展东海县立体交通大框架下，注重农村公路建设，到2022年，全县行政村双车道四级公路覆盖率达到100%，农村公路标志标线设置率达到85%以上，基本消除农村公路危桥；农村公路管养率达到100%。完善农村路网，重点建设通行政村的双车道四级公路和特色田园乡村、新增景区、农业产业园区、规划发展村庄的等级公路，有序实施人口规模超过1 000人的自然村（组）村内硬化道路畅通工程。改造现有农村公路危桥；推进农村公路安全生命防护工程，完善标志标线设置。全面落实县统一执法、乡村协助执法的路政管理工作机制，建立农村公路路政群管（协管）网络，实现农村公路路政管理全覆盖。加强农村公路绿化建设，宜林路段县道绿化率达到98%，乡道绿化率达到95%，村道绿化率达到90%；整治农村公路环境。抓好典型道路，通过开展"四好农村路"示范（达标）县、旅游公路示范线路等示范创建，打造特色农路品牌。

（四）深入实施农村饮水安全巩固提升工程

实现全县区域供水覆盖行政村比例达到100%，区域供水通达的村供水入户率达到80%以上。在此基础上，继续提升农村饮水安全保障水平，紧紧围绕淮沭干渠饮用水水源地、西双湖应急备用水源地和其他乡镇水源地的水质保障、供水保障、运行管护保障3个方面，加强农村饮水能力建设。落实管护主体，加强水源保护和水质监测，以健全机制、强化管护为保障，进一步提高农村饮水集中供水率、自来水普及率、供水保证率和水质达标率，确保充分发挥已建工程长期发挥效益。

二、增加农村公共服务供给

坚持统筹城乡发展，推动公共服务向农村覆盖，健全全民覆盖、普惠共享、城乡一体的基本公共服务体系，社会事业均衡发展。

（一）农家书屋提升工程

到2025年，全县346个行政村各修葺完善不少于80 m² 的农家书屋，配套相应设施；各农家书屋与所在乡镇（街道/场/开发区）图书馆通借通还覆盖率达到90%以上。理顺农家书屋管理机制，推动村级农家书屋管理，构建村级责任落实、乡镇文化站参与、县级图书馆协调、文化和新闻出版广电部门统筹的管理体系。加快数字化建设，推进农家书屋数字资源建设，实现农村阅读资源稳步增长。依托农家书屋、农家大院，协同新华书店、书吧等文化阵地开展全民阅读活动，培养农村居民特别是少年儿童的阅读兴趣，提高农家书屋使用率。乡镇（街道/场/开发区）图书馆要建设专门的文学艺术创作室、少儿版画创作室、自媒体制作室，举办文学艺术创作培训班、少儿版画创作班、自媒体创作班，编辑出版创作室（培训班）的成果，及时展示乡镇（街道）范围内乡村振兴社会实践中出现的新人新事、好人好事、产业发展成果等等，让全国人民了解东海县乡村振兴成果。

（二）优先发展农村教育事业

到2025年，全县学前3年教育毛入园率达98%以上，义务教育巩固率达100%，高中阶段教育毛入学率达99%以上。加快省学前教育体制改革试点县建设，新建、改扩建 50 所农村幼儿园，全面清理农村无证幼儿园，有效改善农村幼儿园办学条件。建立城乡一体化的义务教育发展机制，推动集团化办学、名校托管、城乡学校共同体等创新管理模式实施。推进农村学校校舍安全工程和义务教育薄弱学校改造工程，改造校舍 20 万 m^2，所有农村义务教育学校达到省定现代化办学标准。健全特殊教育支持保障体系，到 2022 年每个乡镇至少设置学前、小学和初中融合教育资源中心各一个，方便残疾儿童少年就近入学。扩大农村职业教育资源，加强农村职业学校建设，推动农村社区教育建设提升，组织开展农村劳动力转移培训、农业实用技术培训及农民创业培训等新型职业农民教育培训。大力实施农科教协同育人，在平明、黄川、双店、桃林等乡镇创建 4 个左右教育服务"三农"高水平示范基地。落实好学生资助政策，重点做好建档立卡、低保家庭和残疾学生资助工作，加大教育帮扶和学校关爱保护力度，促进农村留守学生积极健康发展。实施乡村教师支持计划，落实乡村教师定向培养工作，定向培养 200 名乡村教师，推进"县管校聘"体制改革，推动城乡教师常态化交流，全面提升乡村教师整体素质。加大政策支持，建立以公共财政投入为主的农村学前教育成本分担机制；完善乡村义务教育经费保障机制，继续加大农村义务教育投入，动态调整生均经费保障水平；完善绩效工资制度，将绩效工资分配向地处偏远、条件艰苦的乡村教师倾斜，在执行国家和省有关乡镇工作人员补贴政策时，适当提高村小、教学点教师的补贴发放标准，提高乡村教师生活待遇。

（三）实施健康乡村建设

到 2022 年，全县重点人群签约服务覆盖率达到 80%，全县省级健康镇建成率达到 30%，省级以上卫生镇建成率达到 80%，到 2025 年，全县重点人群签约服务覆盖率达到 100%。合理规划乡村卫生机构布局设置，加快乡村卫生机构提档升级，推进"15 分钟健康服务圈"建设，建成示范村卫生室 50 个、乡镇卫生院特色科室 15 个、乡镇区域医疗卫生中心 3 个。实施卫生人才强基工程，通过招聘一批、培养一批、培训一批、下沉一批、提升一批等措施，扩大基层卫生人才队伍规模，遴选农村基层卫生骨干人才 30 名。强化农村公共卫生服务，倡导健康文明生活方式，加强慢性病防控，大力推进农村地区严重精神障碍管理、重大传染病防治，加强农民工职业健康监护，有效预防和控制疾病危害。深入开展乡村爱国卫生运动。县财政按照相关标准筹措县级配套资金，对示范村卫生室、乡镇卫生院特色科室、乡镇区域医疗卫生中心建设和基层卫生骨干人才予以补助，基本公共卫生服务补助高于国家标准。

（四）健全城乡居民基本养老保险制度

逐步提高城乡居民养老待遇水平，按照每年不低于 8% 的增幅调整城乡居民基本养老保险基础养老金省定最低标准，到 2025 年提高到每人每月360 元。积极探索与参保居民缴费水平相挂钩的个人账户奖励性基础养老金调整办法，鼓励参保居民选择更高的缴费档次。支持困难群众参加城乡居民养老保险，落实代缴部分或全部最低标准养老保险费等社会保险扶贫政策。落实被征地农民参保政策，强化被征地农民刚性进保、即征即保，确保新增被征地农民参保率达 98% 以上。省定最低标准基础养老金由中央财政、省财政和县财政共担。被征地农民社会保障资金主要包括安置补助费及其增值收益和县人民政府从土地出让金等土地有偿使用收益中安排的社会保障费用，资金不足的，由县人民政府负责解决。

（五）加快实施统一的城乡居民基本医疗保险制度

到 2022 年，统一的城乡居民基本医疗保险制度进一步完善，待遇水平进一步提高，城乡居民医保政策范围内住院费用报销比例稳定在 70% 左右，同时继续推进大病保险政策，稳步提升大病保障力度。严格落实对困难群体个人缴费的补助政策，对重点医疗救助对象参加城乡居民基本医疗保险个人缴费部分全额资助，对建档立卡低收入人口及地方拓展的医疗救助对象参加城乡居民基本医疗保险个人缴费部分由财政给予适当补贴，确保困难人员应保尽保。加快实现城乡居民医保经办一体化，加大信息系统、办事流程、定点管理等方面的融合力度，继续推进省内异地就医门诊、住院"一单式"直接结算，简化备案手续，实现异地就医无障碍、不见面备案。落实经费保障，提高城乡居民基本医疗保险财政补助标准，健全基本医疗保险稳定可持续筹资和待遇调整机制。

（六）提升农村养老服务能力

2022 年，广大农村老年人尤其是经济困难老年人的养老服务需求基本得到满足。探索利用集体土地流转租赁等方式，发展农村养老服务设施。统筹推进农村五保供养服务机构发展，提升机构服务质量，延伸服务范围，逐步向区域性养老服务中心转型，推进医养融合养老机构建设发展，推进公办养老机构改革，在确保五保老人保障情况下，加快推进社会化养老，在保障五保对象供养的基础上，床位面向社会老人开放，农村五保供养服务机构的床位使用率 2022 年力争达到 85%，2025 年力争达到 100%。大力发展居家养老、互助式养老，利用农村闲置的学校、村"两委"用房、医院用房、民房等资源，发展农村养老互助中心。落实特困供养、养老服务补贴和护理补贴、政府购买服务、结对关爱服务等制度，不断增强农村养老服务能力。

（七）加快实施统一的城乡社会救助体系

做好乡村社会救助兜底工作，织密兜牢困难群众基本生活安全网。参照城市低保标准，逐步健全乡村低保标准动态调整机制，确保动态管理下应保尽保。全面实施乡村特困人员救助供养制度，提高托底保障能力和服务质量。做好困难农民重特大疾病救助工作。健全农村留守儿童和妇女、老年人关爱服务体系。健全困境儿童保障工作体系，完善残疾人福利制度和服务体系。先行先试人身损害赔偿制度改革，统一城乡居民赔偿标准。

三、强化农业灾害风险管理体系

针对东海县存在的水土流失、干旱、涝灾、霜冻等自然灾害，要全面提高抵御自然灾害能力，尽可能降低其对农业产业振兴的影响，应从以下方面着手。

（一）提高灾害监测预警能力和农业灾害信息传播能力

充分运用现有的各乡镇水土保持监督管理机构，配备必要的监测设施设备，实现监测数据的集中管理、动态传输和共享，加快信息化工程的建设步伐，充分利用当前先进的科学技术，加强天气雷达应用系统建设，以提高防御重大洪涝灾害、霜冻灾害和干旱灾害的超前性和预见性；不断优化灾害预报模型参数和边界条件，提高预测预报精度，强化"气象信息发布绿色通道"能力建设，整合社会和部门资源，建立快速、便捷和高效的气象预警信息发布渠道，实现气象灾害预警信息全覆盖；在地理信息系统（GIS）的支持下建立政区图、历史上的洪涝分布图和地面数字高程等各种基础数据库，用于预测灾害分布的范围和强度。

（二）全面推进流域和区域防洪减灾体系建设

完成乌龙河、鲁兰河、淮沭新河、民主河、马河、黄泥河、蔷薇河、石安河、龙梁河等中小河流的防洪治理工程；完成海陵湖、安峰水库等大中小型水库的防洪治理工程。在全县的主要堤防、河道等洪涝灾害易发点完善监测站点。

（三）加强人工干预气候能力建设

在县域西北岗岭区布设3个人工气候干预点，配备必要设备，完善基础设施建设。

（四）完善减灾防灾应急管理体系

加强防灾减灾应急救助指挥体系建设，制定重大自然灾害应急预案，加强防灾人员与专业队伍建设；根据历史经验，在自然灾害风险易发区建立应急物资储备中心。

（五）利用农业保险支持政策，加强灾害应急处置能力

逐步完善灾害商业保险与灾害社会保险制度。建立专项救灾基金，积极引导和支持灾害互助保障和灾害社会援助的发展。

第十一章　农民生活共同富裕模式

习近平总书记强调，要构建长效政策机制，通过提高农业生产效益、引导农村劳动力转移就业、稳步推进农村改革、增加农民财产性收入等多种途径，不断缩小城乡居民收入差距，让广大农民尽快富裕起来。生活富裕既是乡村振兴的根本，也是实现全体人民共同富裕的必然要求。

东海县 2014—2017 年乡村人均居民收入分别达到 12 171 元、13 286 元、14 487 元和 15 882 元，逐年增加；但城乡居民人均收入存在较大差异。2014—2017 年城镇居民人均收入分别达到 23 151 元、25 281 元、27 391 元和 29 758 元，分别是农村常住居民的 1.90 倍、1.90 倍、1.90 倍和 1.87 倍。全县乡村人均可支配收入 15 882 元，其中工资收入 6 404 元，经营性收入 6 615 元；而城镇人均可支配收入中工资收入 16 598 元，经营性收入 7 117 元，城乡收入差距重点表现在工资收入方面。19 个乡镇街道中，2017 年各个乡镇农村常住居民人均收入不均衡，位列全县前 3 名的是牛山街道、房山镇、驼峰乡，分别达到 23 246 元、21 896 元和 19 589 元，分别是最低乡镇 13 460 元的 1.73 倍、1.63 倍和 1.46 倍。

第一节　发展思路和目标

一、发展思路

遵照"构建增收机制，拓宽增收渠道，实施产业富民"工作方针。坚持就业优先战略和积极就业政策，健全城乡均等的公共就业服务体系，鼓励农民进城和鼓励各类群体返乡下乡创业，拓展农民外出就业和就地就近就业空间，实现更高质量和更充分就业；坚决打赢脱贫攻坚战，促进贫困劳动者就业创业脱贫，大力推广"扶贫车间""扶贫工厂"等产业化扶贫模式；创新资产收益扶贫方式，探索资源变资产、资金变股金、贫困户变股民的

"三变路径"；探索建立兼顾国家集体个人的土地增值收益分配机制，保障农民公平分享土地增值收益，增加财产性收入。健全农业支持保护力度，加大对农村地区公共服务、基础设施、环境保护、"三农"发展、社会保障等投入，拓展农民转移性收入增长空间；要广泛持续开展农民就业技能培训、科学种养知识培训等，不断提升农村劳动者素质，全面提升农民增收本领。大力实施"产业富民"和村级集体经济谋划、种植业养殖业结构调整和品种品质品牌提升、生态养殖、林下经济提升、新型经营主体、休闲农业与乡村旅游等改革创新，以及农产品保鲜加工和冷链物流、电子商务、社会化服务等多项具体工作，综合施策、突出重点、以点带面，促进农村产业转型升级和提质增效；增加农民经营性收入。

二、发展目标

把农民增收致富摆在重要位置，不断提升农村劳动者素质，多措并举，加快形成农民增收新格局，到 2022 年，力争农民增收与经济增长同步或稍高一些，实现农民收入新增 1 万元以上，持续降低农村居民的恩格尔系数，不断缩小城乡居民收入差距。

第二节　重点工程

一、脱贫攻坚补齐发展短板

（一）全面落实脱贫攻坚责任

深入实施精准扶贫精准脱贫，突出帮扶质量，确保如期实现全县致富奔小康工程任务。

（二）务实抓好产业扶贫实施

建立健全产业扶贫"4+2+3"监督推进机制，落实"三挂钩二清单"，通过挂钩对接、现场指导、共建项目等多种方式，因地制宜培育壮大特色扶贫产业。大力实施产业扶贫、电商扶贫、片区扶贫等重点工程，切实提高扶贫措施有效性。新创建县级扶贫产业园区 1 个，通过产业带动就业、产业项目分红等带动经济薄弱村和贫困户脱贫致富。用好省级财政精准到户项目资金，重点扶持家庭农场、农民专业合作社、农业龙头企业、专业化市场服务组织等新型经营主体，通过保底分红、股份合作、利润返还等多种形式，让贫困农户合理分享全产业链增值收益。整合市县财政、市县后方单位帮扶资金，实施经济薄弱村产业增收项目，确保村集体增收持续稳定。探索电商扶贫新模式，积极推行"互联网+"扶贫，搭建低收入农户产业发展电商服务平台，配套建设农产品仓储寄递服务站，开发符合网购需求的特色农产品。加大金融、电商等扶贫带动作用，发放扶贫贷款1亿元，帮扶有创业意愿、符合信贷条件的低收入农户解决创业项目融资难题。

（三）推进重点区域扶贫开发

聚焦石梁河库区整体帮扶工程，加快道路提档工程建设，完善库区渠系、生产道路、排灌电站、电网改造等农业生产设施，完成移民避险解困项目建设，完善新建社区内的各项公共服务设施。

（四）加快形成脱贫多方合力

坚持扶贫与扶志、扶智相结合，全面落实农村低收入农户就业援助有关政策，提高他们发展高效设施农业和转移就业、自主创业的技能。采取政府购岗托底安置和鼓励企业吸纳等多种方式，帮扶低收入农户实现就业。加强扶贫开发与农村最低生活保障政策的有机衔接，将无劳动能力、符合条件的低收入人口全部纳入低保范围，实现应保尽保，到2022年低保标准提高到每人每月600元以上。推动低收入人口基本医疗保险全覆盖，落实"先诊疗后付费""新农合个人缴费部分全免"等政策，适当提高医保报销范围比例和补助标准。持续实施"扶贫大病特惠保险"，降低病残致贫返贫风险。为贫困精神病患者免费提供基本用药，符合条件的全部纳入医疗救助。全面落实农村残疾学生助学政策。建立残疾儿童康复救助制度，为0~14岁残疾儿童提供基本康复、训练。建立扶贫联盟，引导民营企业、慈善机构和工会、共青团、妇联等群团组织发挥自身优势，广泛开展捐资助学、结对共建、对口帮扶等活动。积极开展教育、医疗扶贫，突出解决好因病因残致贫返贫问题。

二、拓宽乡村劳动力就业渠道

坚持就业优先战略和积极就业政策，健全城乡均等的公共就业服务体系，不断提升农村劳动者素质，拓展农民外出就业和就地就近就业空间，实现更高质量和更充分就业。

（一）拓宽转移就业渠道

增强经济发展创造就业岗位能力，拓宽农村劳动力转移就业渠道，引导农村劳动力外出就业，更加积极地支持就地就近就业。发展壮大县域经济，加快培育区域特色产业，拓宽农民就业空间。大力发展吸纳就业能力强的产业和企业，结合新型城镇化建设合理引导产业梯度转移，创造更多适合农村劳动力转移就业的机会，推进农村劳动力转移就业示范基地建设。加强劳务协作，积极开展有组织的劳务输出。实施乡村就业促进行动，大力发展乡村特色产业，推进乡村经济多元化，提供更多就业岗位。结合农村基础设施等工程建设，鼓励采取以工代赈方式就近吸纳农村劳动力务工。

（二）强化乡村就业创业服务

充分利用东海县职业教育中心等教育设施以及产业基地，建设乡村劳动力职业技能公共实训基地，加强乡村劳动力职业技能培训，深入实施农民工职业技能提升计划，联动落实农民工就业前免费培训、上岗后补贴培训和成才时奖励培训3项政策。完善促进就业优惠政策，落实职业培训和职业技能鉴定补贴政策，强化公共就业培训服务载体和能力建设，统筹利用各类职业培训资源，大力开展就业技能培训和岗位技能提升培训，实施新生代农民工职业技能提升计划。健全覆盖城乡的公共就业服务体系，提供全方位公共就业服务。加强乡镇、行政村基层平台建设，扩大就业服务覆盖面，提升服务水平。开展农村劳动力资源调查统计，建立农村劳动力资源信息库并实行动态管理。加快公共就业服务信息化建设，打造线上线下一体的服务模式。推动建立覆盖城乡全体劳动者、贯穿劳动者学习工作终身、适应就业和人才成长需要的职业技能培训制度，增强职业培训的针对性和有效性。在整合资源基础上，合理布局建设一批公共实训基地。

（三）完善制度保障体系

推动形成平等竞争、规范有序、城乡统一的人力资源市场，建立健全城乡劳动者平等就业、同工同酬制度，提高就业稳定性和收入水平。健全人力资源市场法律法规体系，依法保障农村劳动者和用人单位合法权益，构建和谐劳动关系。完善政府、工会、企业共同参与的协调协商机制，构建和谐劳动关系。落实就业服务、人才激励、教育培训、资金奖补、金融支持、社会保险等就业扶持相关政策。建立健全就业援助工作长效机制，对就业困难农民实行分类帮扶。重点抓好以高校毕业生为重点的青年就业和农村转移劳动力、城镇就业困难人员、失地无业农民、退役军人就业，加强创业培训。

（四）开展就业促进行动

（1）优化产业结构，加快推进一二三产业融合发展，鼓励在乡村地区新办环境友好型劳动密集型企业，发展乡村特色产业，振兴传统工艺，培育一批家庭农场、手工作坊、乡村车间。

（2）农村劳动力职业技能培训。通过订单、定向和定岗培训，对农村未升学初高中学生等新生代农民工开展就业技能培训，累计开展农民工培训，到2022年各类农村转移就业劳动者都有机会接受一次相应的职业培训。

（3）结合现有的设施设备、结合地区实际，建设一批县级地方产业特色公共实训基地，构筑布局合理、定位明确、功能突出、信息互通、协调发展的职业技能实训基地网络。

（4）加强县级公共就业机构和社会保障服务机构以及乡镇、村基层服务平台建设，合理配备经办管理服务人员，改善服务设施设备，突进基层公共就业和社会保障服务全覆盖，推进乡村就业服务全程信息化，开展网上服务，进行劳动力资源动态监测，实施基层服务人员能力提升计划。

三、农民收入递增工程

深入推进产业富民、就业富民、创业富民、改革富民，加快构建农民增收长效机制。到2022年，全县农村居民人均可支配收入增加1万元以上。

（一）提升农民就业质量

建设乡村劳动力就业服务体系，全面推行"企业订单、劳动者选单、培训机构列单、政府补贴"培训服务模式，健全完善农民工职业培训制度，每年开展农民工职业技能培训5 000人。积极引导农村劳动力就地就近转移就业，推进产业资源跨地区整合，加快省内南北劳动密集型产业转移，建立有利于新业态发展、适应新就业形态特点的用工和社会保障制度，催生更多本地就业机会，健全城乡劳动者平等就业制度。完善最低工资增长和工资集体协商机制，适时适度提高最低工资标准。健全技能劳动者收入分配政策，提高农民工技能人才待遇水平和社会地位。将农民工欠薪维权工作放在突出位置，建立农民工欠薪预警防控机制，强化行政执法与刑事司法联动，严厉打击欠薪违法行为。积极为农民工开辟法律援助绿色通道，依法维护农民工工资报酬权益。

（二）提升农民创业能力

实施乡村创业促进行动，将各类财政创业补贴和税费减免政策全面覆盖到创业农民，提高授信额度、健全资金代偿和社保代缴等宽容失败机制，推动创业担保贷款政策提标增效。推进实施农民工等人员返乡创业培训3年行动计划，扩大培训资源、改进培训模式、增加培训内容，提升农民工等人员创业能力，3年内力争使有创业要求和培训愿望、具备一定创业条件或已创业的农民工等人员都参加一次培训。加强农民创业载体建设，支持农民工返乡创业园和创业点建设，深入开展建设创业型乡镇和行政村创建，重点打造一批集创业孵化、政策咨询、开业指导、融资服务、跟踪扶持于一体的新型农民创业载体，3 年扶持农民成功创业 3 500 人，带动就业 1.4 万人。以全域旅游理念发展乡村旅游，以景区及乡村旅游区带动、农家乐接待、旅游合作社等模式，带动农民共享乡村旅游发展，全县乡村旅游接待游客数年均增长 10%，培养 5 名乡村旅游致富带头人。依托东海优质农产品资源，高质量发展农村电子商务，培养 2 万名电子商务人才。

（三）提升农业经营效益

引导农民发展设施园艺、现代渔业和林下经济等优质特色农业，每年实施 40 个重点建设项目，加快推动特色主导产业提质增效、发展壮大，到 2022 年实现年产值超 10 亿元的特色农业产业基地 1 个。提高质量品牌效益，大力发展绿色有机农产品，完善无公害农产品管理，强化地理标志产品登记管理，打造区域公用品牌和一批产品品牌。大力培植农业新产业新业态，加快培育一批主题创意农园、旅游风情小镇和"电商村"。积极推进优质粮食工程建设，通过标准引领、品牌培育、产后服务等载体，建立优质粮油产品及品牌，努力争创"中国好粮油"行动示范县，建成粮食产后服务中心 6 个；积极实施优粮优价收购，确保每年收购量达 1 亿 kg；创新粮食产业发展方式，加快粮食产业转型升级，依托"一带一路"发展规划，建设 4 个现代化粮食物流产业园，力争 2022 年全县粮食加工业年产值销售突破 26 亿元，实现从粮食生产大县向粮食产业强县转变。支持供销合作社建立智能无人售货平台，主动对接农产品生产基地、农民专业合作社，把优质、特色农产品嫁接到平台销售。

（四）提升农村改革效能

加强农村承包地确权登记颁证成果应用，探索建立土地承包经营权登记制度，探索确权成果在推进土地流转、抵押融资、承包地有偿退出等方面的转化应用，推动确权红利持续释放。完善农村承包地"三权分置"办法，落实"第二轮承包期到期后再延长三十年"政策，因地制宜推进农村土地经营权流转，促进土地资源优化配置，保障农民土地财产权益。全面启动并完成农村集体资产清产核资工作，扎实开展以成员界定、股权量化、完善治理机制、保障股东收益为主要内容的农村集体经营性资产股份合作制改革，加快将村级经营性资产折股量化到集体经济组织成员，保障农民的集体收益分配权。扎实推进房地一体的农村集体建设用地和宅基地使用权登记颁证，促进农民土地权益的显化和落实，保障农民合理分享土地增值收益。充分发挥农业的多重功能，充分挖掘乡村的多元价值，推动一二三产融合发展，加快培育新产业新业态新模式，吸纳总结推广农村电商、乡村旅游、休闲农业等方面的典型经验和做法，出台相关激励政策，扩大农民就业门路，拓展农民增收渠道。

四、农民职业技能提升工程

从农民增收的主要途径出发，围绕产业富民、就业富民等，实施农民职业技能提升工程。

（一）新型职业农民培育工程

围绕农民离不开土地、离不开大农业的特点，围绕东海县的五大产业和10个特色产品，分类型、分层次开展新型职业农民培育，到2022年，每年培训新型职业农民1万人次，新型职业农民培育程度达56%。创新培训机制，开发有针对性和实效性的培训项目和培训课程，支持重点农业龙头企业等主体承担培训，提高培训的针对性和有效性；围绕主导产业、主导产品，建设1~2个示范基地，主要试验示范各个产业的最新发展成果，同时也为乡村产业的从业人员提供直观样板和学习榜样，发挥基地的辐射带动作用。每个基地选派至少1名骨干人员，作为科技特派员去进行辅导培训和现场指导。

（二）新生代农民工职业技能培育工程

瞄准城市乃至乡村产业发展最新动向，积极开展走出去战略，按照工匠精神，开展农民就业能力培训，重点是新生代农民工职业技能培训，推进新生代农民工市民化，到2022年，每年培训农民5 000人次。同时要加强治理建设工程领域和劳动密集型行业的农民工工资拖欠问题。

（三）农技推广人员知识更新工程

掌握现代农业知识的技术推广人才是乡村产业发展的重要推动力，东海县农业农村局等单位要与南京农业大学、中国农业科学院等省内外高校、科研院所合作，每5年完成1次对全县的农技人员的知识更新培训以及新技能培训，全面提升服务乡村产业、增加农民收入能力。

第十二章 组织机构与保障措施

东海县乡村振兴，需要从组织管理制度、土地利用制度、金融服务制度、人才管理制度进行创新，解放广大人民群众思想，树立现代农业生产理念，为乡村振兴提供制度保障。

第一节 组织管理制度保障

坚持党管乡村振兴的原则，更好履行县乡两级党委、政府职责，凝聚全社会力量，扎实推进乡村产业各项措施落到实处。

一、成立东海县乡村振兴领导小组

成立由东海县委书记任组长，东海县人民政府县长任副组长，县农村农业局、县水务局等相关委局负责人为成员的东海县乡村振兴领导小组。同时，建立专家咨询顾问组。

乡村振兴领导小组的主要职能为负责组织领导、动员各民主党派、工商联、无党派人士等全社会各方力量，凝聚东海县乡村振兴强大合力；统筹配置"人、财、物、事、体制、机制"；负责落实国家乡村振兴（现代农业发展）优惠政策，研究制定地方配套政策措施；不定期组织召开工作会议，协调解决乡村振兴工作中的重大问题。专家咨询顾问组为对东海县乡村振兴进行决策的高层次咨询参谋机构。专家咨询顾问组在乡村振兴办公室的领导下进行工作，紧紧围绕乡村振兴指导思想和总体思路，对乡村振兴的重大决策开展咨询论证活动，充分发挥专家顾问的作用。

乡村振兴领导小组的另一项职能为对乡村振兴的考核监督和激励约束。乡村振兴办公室要负责制定乡村振兴进展指标和统计体系、考核体系，对各乡镇负责实施的约束性指标、重大工程、重大项目、重大政策和重大改革任务进行考核监督，确保进度，确保质量和效果。对不能按时完成的，要帮助分析原因，找出问题症结，督促整改；对按时完成且效果良好的要给予奖励。

二、成立东海县乡村振兴专家智库

东海县将与中国农业科学院、中国科学院、江苏省农业科学院、南京农业大学、扬州大学等科研院所、大专院校建立稳定的合作关系，并聘请上述单位知名农业农村专家组成专家智库。该专家智库的职能是向东海县乡村振兴办公室、农业农村局等政府职能部门就东海县乡村振兴的方针、规划、管理以及重大项目和研发资金的使用方向提供咨询服务，保障东海县乡村振兴步伐走稳、走准、走实。

三、各乡镇成立乡镇乡村振兴办公室

成立由各乡镇街道书记任组长，乡镇街道人民政府乡镇长任副组长，乡镇街道医院、学校、银行、涉农部门、村支书等相关负责人为领导小组成员的乡镇乡村振兴办公室。乡村振兴办公室的主要职能为凝聚乡镇乡村振兴强大合力；统筹配置"人、财、物、事、体制、机制"；负责落实国家、省、市、县乡村振兴（现代农业发展）优惠政策，研究制定地方配套政策措施；不定期组织召开工作会议，协调解决乡村振兴工作中的重大问题。对各村乡村振兴进行考核监督。

四、坚持脱贫攻坚与乡村振兴相衔接

总结在脱贫攻坚中取得的宝贵经验和做法，将脱贫攻坚工作机构和工作专班转变提升为乡村振兴工作机构和工作专班；按照"硬抽人、抽硬人"要求精心选派乡村第一书记；实现5个覆盖，即全县所有乡村振兴工作队全覆盖、第一书记全覆盖、县领导联系乡镇包重点村全覆盖、县直单位参与乡村振兴全覆盖、重点涉农企业联系重点村全覆盖；完善乡村振兴政策文件。开展农村低收入人口动态监测，实行分层分类帮扶。对有劳动能力的农村低收入人口，坚持开发式帮扶，帮助其提高内生发展能力，发展产业、参与就业，依靠双手勤劳致富。对脱贫人口中丧失劳动能力且无法通过产业就业获得稳定收入的人口，以现有社会保障体系为基础，按规定纳入农村低保或特困人员救助供养范围，并按困难类型及时给予专项救助、临时救助。

第二节　土地使用制度保障

土地问题是乡村振兴过程中的一个十分突出的问题，既要执行中央关于保持土地承包关系稳定并长久不变，第二轮土地承包到期后再延长 30 年的土地政策以及土地用途管控政策，又要打破一家一户分散经营的格局，实行规模经营，获取规模效益。根据东海县土地利用总体规划、东海县人民政府关于印发东海县粮食生产功能区和重要农产品生产保护区划定工作方案的通知等，本着"明确所有权、稳定承包权、搞活使用权、强化经营权"的思路，结合乡村的实际情况，制定适宜东海县实际情况的土地流转制度，制定制度时候，强调依法尊重农民自愿和有偿的基础上，处理好与农民休戚相关的土地问题，切实保护好农民的土地承包权，维护农民和土地承租者的合法权益，体现土地使用权价值，避免土地低价租赁和转租。只有这样，产业发展才能有稳定的群众基础，才能真正实现农民增收、农业增效的目标。同时，未发包集体土地经营权流转时，要提供农村集体经济组织成员的村民会议 2/3 以上成员或者 2/3 以上村民代表签署同意流转土地的书面证明，必须公开、透明。积极探索农村集体经营性建设用地入市条件，扩大入市范围，完善入市利益分配机制，加快推进农村集体经营性建设用地与国有建设用地同权同价。

根据东海县土地利用总体规划，东海农村宅基地使用制度坚持"一户一宅"原则，保障"户有所居"；因地制宜地探索宅基地改革模式，完善闲置宅基地使用权退出利益补偿机制，加快构建"总量控制，只减不增，以退为主"的宅基地新政框架，探索农民住房财产权抵押、担保、转让的有效途径。

保障乡村振兴建设用地需求。根据乡村振兴规划的产业布局，东海县年度土地利用计划分配中可安排 5% 的新增建设用地指标专项支持乡村振兴，在进行村庄整治、土地整理过程中获取的建设用地，应该拿出 30% 以上用于年度乡村振兴需要占用的建设用地面积，每年两者之和应该能达到 100 亩以上。完善设施农用地政策，对于农业生产过程中所需各类生产设施和附属设施用地，以及由于农业规模经营必须兴建的配套设施，在不占用永久基本农田的前提下，纳入设施农用地管理，实行县级备案。也可以进行农业生产与村庄建设用地复合利用，发展农村新产业新业态，拓展土地使用功能。

调整完善土地出让收入分配使用机制。逐步提高土地出让收益用于农业农村比例，耕地占用税全部用于农业农村，土地出让收入用于农业农村的比例在 2025 年要达到 60%。完善集体土地增值收益集体内部分配机制，制定被征地农民的多元保障措施。

第三节 金融财政制度保障

东海县乡村振兴的财政金融保障制度主要以财政优先保障、金融重点倾斜、社会积极参与的多元投入格局为架构，将主要支持：一是重点产业（特色产业）发展，包括支持优势产业、特色产业发展、支持东海县品牌农业建设、支持现代种业发展、支持农业机械推广发展、支持农产品加工业发展和支持一二三产融合发展；二是乡村振兴的基础环境建设。包括支持改善基础设施环境、支持提升乡村旅游环境等；三是重点群体发展。包括支持小农户致富、支持农村就业创业、支持新型经营主体发展。

一、财政优先保障乡村振兴

东海县委县政府在本级财政预算中，应提高对乡村振兴的投入水平，达到国内发达地区水平。设立东海县乡村振兴专项基金用于支持乡村振兴。资金使用方式上，既有财政资金无偿投入又有有偿撬动，如用该资金对东海县获国家（江苏省）重大科技专项、国家（江苏省）重大科技产业化项目的规模化融资和科技成果转化项目、高新技术产业化项目、引进技术消化吸收项目、高科技农产品出口项目等提供配套资金（贷款），给予重点支持。对县内具有一定带动作用的科技型合作社、科技型大户给予资金（信贷）支持；对县区内具有自主知识产权的良种、新技术工艺、新产品等给予资金（信贷）支持；大力支持农产品加工物流企业技术改造，引导企业规模化经营。

积极申报国家和省内的乡村振兴（现代农业）扶持政策补贴，如适度规模经营补贴、优势特色主导产业发展补贴、绿色高效技术推广服务补贴、农民专业合作社补贴、新兴职业农民培育补贴等。

二、金融资金向乡村振兴倾斜

坚持农村金融改革发展的正确方向，分析、完善适合东海县农业农村特点的农村金融体系，把更多金融资源配置到乡村振兴的重点领域和薄弱环节。鼓励银行业金融机构建立服务乡村振兴的内设机构，以小微农产品企业、运输企业、合作社等为服务重点，弱化抵质押物、降低贷款利率、优化办理流程。加快乡村各类资源资产权属认定，推动部门确权信息与银行业金融机构联网共享，推进农村"两权"抵押贷款试点，盘活农村资源，解决农民贷款难问题。金融机构积极利用互联网技术，开展订单融资和应收账款融资业务试点。完善政策性农业保险制度，巩固发展主要种植业保险，大力发展高效设施农业保险，提高保险业服务乡村振兴能力。规划建议东海县农业农村局和东海县农业银行签署推进乡村振兴战略合作协议，共同探索创新乡村振兴融资模式。

三、建立多元化的投资机制

依托东海县农业农村局、东海县财政局为主体，并结合东海县农投集团，组建乡村振兴金融创新服务平台。该平台将联合东海县多家金融机构，以贷款贴息、引导基金等多种形式，撬动资金连锁支持，为每家企业（合作社、园区、种养殖大户等）解决技术升级改造贷款问题。协同统筹农业农村、电力、水利、气象、保险等上级部门各类涉农资金，集中投入支持乡村振兴发展的基础设施建设和生态生产。探索符合条件的龙头企业（合作社、园区等）通过发行公司债券、企业债、短期融资券、中期票据、集合债券、集合票据等方式融资。深化乡村振兴"放管服"改革，成立东海县财政局和社会资本合作中心，加大吸引能力吸纳社会资本进入东海县投资乡村振兴，并在土地、税收、基础设施保障、子女就学就医等方面给予优惠支持。

第四节　人才管理制度保障

人才问题是乡村振兴的一个关键问题，培养一支懂农业、爱农村、爱农民的"三农"工作队伍是实现乡村振兴的关键所在，也是东海县乡村振兴人才的选拔标准。

一、完善人才选拔机制

研究制定东海县乡村振兴人才选拔任用机制，改进薪酬和岗位管理制度，破除人才流动的体制机制障碍，鼓励专业人才从事科技创新、技术服务推广等工作，实现人尽其才、才尽其用；改进职称评定聘用制度，删除论文、英语等评价指标，按照业绩进行评定；实施"百名科技人才包百村、包百企"的科技服务活动。按照重业绩、重能力的原则，对农村实用人才政策倾斜，做好业绩突出、群众公认的农村"土专家""田秀才"等拔尖人才选拔工作，实行乡村振兴拔尖人才的分级选拔、定期考核和动态管理。

二、完善人才引进与共享机制

制定东海县乡村振兴人才招聘制度，聚九州人脉，纳四海英才为东海县乡村振兴服务，尤其是招聘有助于解决产业发展短板的农科技术人员、智慧农业工程人员等。一是运用活动编制、人才兼职等方法，在不增编制的情况下，增加人才资源的有效供给；二是鼓励人力资本与物质资本相结合，人才引进与项目招标相结合，进一步加强各类高级人才、高新技术人才和支柱产业紧缺人才的引进力度；三是挖掘东海县人才资源，鼓励退休科技人才继续从事科技创新、技术推广等活动，注重发挥离退休专业技术人才的作用；实施目标管理，允许人才在完成本职任务目标的情况下，开展技术创新与技术示范推广等活动。制定人才合法权益保障制度，解除他们的后顾之忧，激发人才创新创业的积极性。

三、完善东海县乡村振兴人才的培养机制

设立乡村振兴人才开发专项基金，定向支持紧缺的农科技术人员、农业智慧工程人员以及回乡大学生的培养与开发。出台人才开发基金管理办法，创立人才资源发展基金、高级人才基金、创新基金、人才投资风险基金。鼓励金融机构针对东海县乡村振兴人才开发提供贷款或保险等金融服务。鼓励社会力量加大对人才培训开发进行投入。

四、健全人才评价机制

在选拔和评价农村人才时，要坚持德才兼备原则，注重通过实践检验标准科学化、评价方式市场化的要求。积极推行农业行业部分职业就业准入制度，适应农业农村经济发展和社会主义新农村建设的需要，进一步规范农业行业职业技能鉴定管理，全面开发农业劳动者的职业技能，提高农村实用人才以及农业技能人才队伍素质。农村人才人数多，专业门类复杂，层级差异显著。从实际出发，结合农村人才的特点，适当降低学历、论文、外语等方面的标准，更看重农村人才的能力、业绩、贡献和效益等。另外，尽量使评价程序简单化，使农村人才的评价程序简单进行。

五、建立人才服务机制

探索建立服务乡村人才机制，深入了解乡村人才的思想动态、工作、生

活情况；每季度召开一次人才工作座谈会，帮助解决基层服务人才在科研、生产、经营管理中遇到的困难和问题，通报市情、乡情和经济建设等重要情况，共同把关人才项目，合力推进人才工作。完善人才管理服务机制，鼓励有条件的乡镇、企业（合作社）推进村庄人才公寓、专家公寓建设，为农业科技人才短期性、周期性下乡提供便利。给予特殊农业人才设立编制蓄水池，方便统一服务和管理。

六、完善人才激励机制

对在推进农业结构调整、促进农村经济发展中做出较大贡献的农村人才，要给予表彰；政府相关部门为农村干部、种养大户、返乡青年提供培训、进修、外出参观的机会。为农村人才提供更大的舞台。在干部录用、聘用时，对农村人才敞开大门，参与平等竞争，优先使用。在经济政策方面深入完善农村人才的政策支持体系，拟订实惠的农民创业法律法规，最大限度地支持农村人才创业，在生产经营和流通服务中，取得重大经济和社会效益的要给予重奖，并保护其知识产权与合法收入的获得。努力使农村人才感受到在政治上受青睐、经济上得实惠、社会上有名望的良好氛围，全力调动农村人才的兴趣和创造力。

第五节　法律法规制度保障

建设法治乡村是乡村振兴战略的内在要求，是乡村振兴战略不可分割的组成部分。建设法治乡村必将为乡村振兴提供强有力的立法、执法、司法、守法保障，进而助推乡村振兴战略的实施。考虑到东海县农村分布广、农民人口基数大、城镇化尚在进行中等实际情况，着眼长远系统规划与结合实际统筹规划相结合，针对突出问题精准发力。

在执法上，应当进一步完善东海县乡村执法队伍建设，强化对执法工作的监督。一方面，通过定期组织执法人员进行规范执法教育，提升乡村执法队伍法治意识和职业素养，进而提高其行政执法水平，做到规范执法、文明执法；另一方面，健全乡村行政执法机制，推动执法队伍整合、执行力量下沉。明确工作责任，加强对执法工作监督，做到有权必有责、用权受监督、违法必追究、侵权须赔偿。

在司法上，应当进一步提高司法机关办事效率，降低司法成本，实现司法救济。基层人民法院或司法所要主动在涉农案件的立案环节提供便捷服务，妥善审理诸如农村承包地、农村宅基地"三权分置"、农地征收征用等关涉农民重大利益的案件，并加大涉农案件执行力度。人民检察院应加强涉农案件的诉讼监督工作，确保法律正确平等实施，充分保障农民合法权益。

在守法上，加大普法力度、完善法律服务体系是关键。加大普法力度，增强农村基层干部法治观念和法治为民意识，提高农民法治素养。通过开展法治竞赛、放映法治电影、组织法治文艺节目表演、利用门户网站进行宣传等"接地气"的方式，增强普法工作的吸引力。在法律服务方面，健全农村公共法律服务体系，加强对农民的法律援助和司法救助。推动实现法律援助在乡村的全覆盖，增强法律服务工作的主动性，使村民"找得到法""用得到法""信得过法"。

第六节　监督检查制度保障

一、完善考核机制

建立东海县委牵头的乡村振兴战略实施协调机制，统筹研究解决规划实施过程中的重要问题和重大建设项目，推进规划任务的组织落实、跟踪调度、检查。县政府各部门、镇（乡）、村要把实施乡村振兴战略作为农业农村工作的重大任务。县政府各部门要根据规划的任务分工，强化政策配套，协同推进规划实施。各乡镇、村要按照本规划提出的目标任务，抓紧落实规划任务，细化政策措施。

将乡村振兴战略实施进程纳入县镇村各级政府目标考核内容，作为衡量党政领导班子政绩的重要考核内容。建立东海县乡村振兴监测评价指标体系，分级评价各地乡村振兴进程和规划实施情况，定期发布评价结果。根据各乡镇实际，探索将粮食生产功能区、重要农产品生产保护区和"农业灌溉用水总量基本稳定，化肥、农药使用量零增长，畜禽粪便、农作物秸秆、农膜资源化利用"等规划目标任务完成情况纳入地方政府绩效考核指标体系。加强规划监测评估，委托第三方机构对规划目标任务完成情况进行中期评估和期末评估，评估结果向社会公布。

二、建立东海县乡村振兴实施进程监测指标体系

党的十九大报告第一次明确提出了服务于"人的全面发展"的宗旨。从乡村振兴的逻辑和农业现代化的内涵出发，以农民现代化为落脚点，构建

乡村振兴实施进程测评指标体系（表12-1）。

表12-1　乡村振兴实施进程监测指标体系

系统层	亚系	状态层	变量层	权重	标准
村振兴实施进程	农业强	农牧业生产能力	粮食综合生产能力 X_1	5.95	118.3万 t
			农畜产品加工产值与农牧业总产值比 X_2	5.95	3.3
		产品品牌建设	省级及以上知名农产品商标 X_3	5.95	8个
			绿色农产品、有机产品和地理标志产品占比 X_4	5.95	60%
		农业经营模式转变	集体经济强村占比 X_5	5.95	0.5%
			高标准农田占耕地比例 X_6	5.95	65%
			全产业链企业集群数 X_7	5.95	15个
		农业劳动生产率	农业劳动生产率 X_8	5.95	8.52万元/人
		农业对外开放水平	农产品出口总额 X_9	5.95	1.5亿美元
		农业科技进步	科技进步贡献率 X_{10}	5.95	70%
	农村美	畜禽粪污综合利用率	畜禽粪污综合利用率 X_{11}	1.80	95%
		村庄绿化覆盖率	村庄绿化覆盖率 X_{12}	1.80	36%
		垃圾处理	对生活垃圾进行处理的生态村占比 X_{13}	1.80	98%
		污水处理	对生活污水进行处理的行政村占比 X_{14}	1.80	95%
		生态村	国家或者省级生态村 X_{15}	1.80	100%
	农民富	缩短城乡收入差距	恩格尔系数 X_{16}	4.50	30%
			农民人均纯收入 X_{17}	4.50	31 200元
			城乡居民收入比 X_{18}	4.50	1.91
		生活水平显著提高	农村基层基本公共服务标准化实现度 X_{19}	4.50	94%
			农村和谐社区建设达标率 X_{20}	4.50	96%
			农村集中供水率（自来水普及率） X_{21}	4.50	100%（95%）
			村硬化路比例 X_{22}	4.50	100%

由于乡村振兴实施进程监测指标原始数据的量纲不同，需要对原始数据

进行标准化处理，消除量纲影响。以各指标的最优状态值为标准（正向指标的最大值为最优状态值，逆向指标的最小值为最优状态值），根据统计数据计算出乡村振兴群体指标的实际值；假定各指标最优状态值标准化系数为1，算出群体指标的百分比系数。$X_{si'}$ 为群体指标的标准化值，X_{ri} 为群体指标实际值，X_{si} 为该群体指标的最优值，则：

$$X_{si'} = X_{ri} / X_{si} \qquad (12-1)$$

$$X_{si'} = (100 - X_{ri}) / (100 - X_{si}) \qquad (12-2)$$

数据标准化后，$X_{s'}$ 全部满足 $0 \leqslant X_{s'} \leqslant 1$，消除了量纲差异，从而可以计算乡村振兴各群体指标标准化值。根据上述指标体系的设置，数据标准化后，构建乡村振兴评价模型：

$$RPI = \sum W_i \times X_{si'} \qquad (12-3)$$

RPI 为乡村振兴综合评价指数，反映某地区某阶段的乡村振兴总体水平，W_i 表示各群体指标的权重，$X_{si'}$ 为各个群体指标的标准化值，计算得出乡村振兴综合指数。

三、东海县乡村振兴实施进程监测

中共中央、国务院 2018 年 9 月印发的《乡村振兴战略规划（2018—2022 年）》指出，到 2020 年，乡村振兴的制度框架和政策体系基本形成；到 2022 年，乡村振兴的制度框架和政策体系初步健全，乡村振兴取得阶段性成果；到 2035 年，乡村振兴取得决定性进展，农业农村现代化基本实现，生态宜居的美丽乡村基本实现；到 2050 年，乡村全面振兴，农业强、农村美、农民富全面实现。

借鉴农业现代化发展阶段的理论成果，结合中共中央、国务院编制的《乡村振兴战略规划（2018—2022 年）》，把乡村振兴划分为三个阶段：乡村振兴初步实现阶段（60~80 分）；基本实现阶段（80~90 分）；全面实现阶段（90~100 分）。

四、第三方评估

综合评估和专题评估相结合。通过指标体系对东海县乡村振兴进行综合分析，评价城乡经济、社会、环境发展总体目标任务的实现程度。结合实际，对农业灌溉用水总量基本稳定，化肥、农药使用量零增长，畜禽粪便、农作物秸秆、农膜资源化利用等重要指标可以开展专题评估，从不同角度突出东海县乡村振兴战略实施成效。过程评估和效果评估相结合。对东海县乡村振兴实施过程进行全面总结，提炼主要经验做法，对于一定时期效果不明显的工程，进行过程评估，整体评价改革成效。定量评估和定性评估相结合。通过问卷调查、专家咨询、专家实际调查研究、召开座谈会论证等方式，获取专家主观感受资料，进行定性评估，作为定量研究的补充。

参考文献

安晓明，2017. 中英乡村环境保护比较及对中国的借鉴［J］. 世界农业
　（5）：39-43，

别红暄，2018. 制度构建视野下新中国户籍制度研究［J］. 理论月刊
　（8）：116-122.

陈润羊，高云虹，2019. 县域乡村振兴的路径研究——以甘肃省甘谷县
　为例［J］. 兰州财经大学学报，35（5）：27-40.

陈少艺，2016. 当代中国"三农"政策变动：基于"中央一号文件"
　的研究［M］. 上海：上海人民出版社.

陈锡文，韩俊，2019. 乡村振兴制度性供给研究［M］. 北京：中国发
　展出版社.

东海县地方志编撰委员会，2016. 东海县志（1990—2010）［M］. 北京：
　方志出版社.

富兰克林·H. 金，2015. 四千年农夫［M］. 北京：东方出版社.

高晓琴，2020. 乡村文化的双重逻辑与振兴路径［J］. 南京农业大学学
　报（社会科学版），20（6）：87-96.

国家统计局，2011—2019. 中国统计年鉴［M］. 北京：中国统计出
　版社.

国务院，2009-12-01. 关于加快发展旅游业的意见（国发〔2009〕41
　号）［EB/OL］. http://www.gov.cn/gongbao/content/2009/content_148-
　1647.htm.

国务院，2015-05-07. 关于大力发展电子商务加快培育经济新动力的意见
　（国发〔2015〕24 号）［EB/OL］. http://www.gov.cn/zhengce/content/
　2015-05/07/content_9707.htm.

国务院，2015-07-01. 关于积极推进"互联网+"行动的指导意见（国
　发〔2015〕40 号）［EB/OL］. http://www.gov.cn/gongbao/content/

2015/content_2897187.htm.

国务院，2015-07-04. 关于积极推进"互联网+"行动的指导意见（国发〔2015〕40 号）[EB/OL]. http://www.gov.cn/zhengce/content/2015-07/04/content_10002.htm.

国务院，2019-6-28. 关于促进乡村产业振兴的指导意见（国发〔2019〕12 号）[EB/OL]. http://www.gov.cn/zhengce/content/2019-06/28/content_5404170.htm.

国务院办公厅，2015-08-07. 关于加快转变农业发展方式的意见 [EB/OL]. http://www.gov.cn/xinwen/2015-08/07/content_2909798.htm.

国务院办公厅，2015-08-11. 关于进一步促进旅游投资和消费的若干意见（国办发〔2015〕62 号）[EB/OL]. http://www.gov.cn/zhengce/content/2015-08/11/content_10075.htm.

国务院办公厅，2016-04-21. 关于深入实施"互联网+流通"行动计划的意见（国办发〔2016〕24 号）[EB/OL]. http://www.gov.cn/zhengce/content/2016-04/21/content_5066570.htm.

国务院办公厅，2018-02-05. 农村人居环境整治三年行动方案 [EB/OL]. http://www.gov.cn/gongbao/content/2018/content_5266237.htm.

韩振秋，2021. 乡村振兴战略视野下的农村留守老人养老困境及化解策略 [J]. 中共石家庄市委党校学报，23（2）：43-48.

贺卫，潘锦云，2021. 精准扶贫与乡村振兴战略衔接机制研究 [J]. 华北理工大学学报（社会科学版），21（1）：11-15.

贺雪峰，2003. 乡村治理的社会基础 [M]. 北京：中国社会科学出版社.

胡鞍钢，2014. 中国户籍制度转轨路径透析 [J]. 人民论坛（16）：60-62.

胡豹，谢小梅，2019. 高质量推进乡村振兴的浙江典型模式与路径创新 [J]. 浙江农业学报，31（3）：496-502.

黄杉，武前波，潘聪林，2013. 国外乡村发展经验与浙江省"美丽乡村"建设探析 [J]. 华中建筑（5）：144-149.

纪爱真，2015. 中国三农问题发展方向研究 [M]. 北京：中国社会科学出版社.

贾大猛，张正河，2020. 乡村振兴战略视角下的县域高质量发展
　　[J]. 国家治理（16）：13-15.

江苏省农业厅，2017-12-11. 江苏省十三五现代农业发展规划［EB/
　　OL］. https://www.jsahvc.edu.cn/nbzl/2017/1210/c1950a56555/page.htm.

江苏省人民政府，2020-01-08. 关于印发江苏省生态空间管控区域规
　　划的通知（苏政发〔2020〕1 号）［EB/OL］. http://www.jiangsu.
　　gov.cn/art/2020/1/22/art_46143_8955497.html.

江苏省人民政府，2020-03-23. 关于促进乡村产业振兴推动农村一二
　　三产业融合发展走在前列的意见（苏政发〔2020〕19 号）［EB/
　　OL］. http://coa.jiangsu.gov.cn/art/2020/3/23/art_51444_9020343.ht-
　　ml.

江苏省人民政府办公厅，2020-10-08. 关于深入推进数字经济发展的
　　意见（苏政办发〔2020〕71 号）［EB/OL］. http://www.jiangsu.
　　gov.cn/art/2020/10/26/art_46144_9547791.html.

江苏省统计局，国家统计局江苏调查总队，2011—2019. 江苏统计年鉴
　　［M］. 北京：中国统计出版社.

江苏省委，省人民政府，2019-10-08. 江苏省乡村振兴战略实施规划
　　（2018—2022 年）［EB/OL］. http://www.zgxcczx.org.cn/dfzc/142.html.

江苏省委农办，江苏省农业农村厅，江苏省发展改革委员会，等，
　　2020-08-05. 关于扩大农业农村有效投资加快补上"三农"领域突
　　出短板实施意见（苏政办发〔2020〕63 号）［EB/OL］. http://
　　www.jiangsu.gov.cn/art/2020/8/19/art_46144_9457317.html.

李海东，2015. 新时期中国"三农"问题的发展及对策研究［M］. 哈
　　尔滨：哈尔滨工程大学出版社.

李金华，2019. 新中国 70 年工业发展脉络、历史贡献及其经验启示
　　［J］. 改革（4）：5-15.

连云港市人民政府，2019-09-30. 连云港市乡村振兴战略实施规划（2018—
　　2022 年）［EB/OL］. http://www.lyg.gov.cn/zglygzfmhwz/gcyw/content/
　　30eb9d0a-dacc-401c-85a1-9366159c4bd9.htm.

连云港市统计局，国家统计局连云港调查总队，2011—2019. 连云港市
　　统计年鉴［M］. 北京：中国统计出版社.

刘生，琰梁哲，2020. 乡村精英参与乡村振兴的行为逻辑与路径研究
　　［J］. 兰州大学学报（社会科学版），48（5）：127-137.

刘松涛，罗炜，王林萍，2018. 日本"新农村建设"经验对我国实施乡村振兴战略的启示［J］. 农业经济（12）：41-43.

刘彦随，2018. 中国新时代城乡融合与乡村振兴［J］. 地理学报（4）：637-650.

陆学艺，2004. 中国"三农"问题的由来和发展［J］. 当代中国史研究，11（3）：4-15.

罗雅丽，张常新，2018. 乡村振兴战略背景下县域村镇空间优化研究［M］. 北京：经济管理出版社.

马桂萍，赵晶晶，2019. 习近平关于"三农"问题理论思维述要［J］. 理论视野（5）：31-38.

农业绿色发展概论编写组，2019. 农业绿色发展概论［M］. 北京：中国农业出版社.

农业农村部农村经济合作指导司，农业农村部管理干部学院，2019. 全国乡村治理典型案例［M］. 北京：中国农业出版社.

宋娟，2014. 人民公社化运动兴起的原因再探［J］. 经济研究导刊（25）：298-301.

宋亚平，2017. 中国"三农"问题的历史透视［J］. 汉江论坛（12）：5-15.

孙炜玮，贺勇，2016. 国外乡村景观营建的整体模式解析与启示［J］. 建筑与文化（2）：150-151.

王国丽，罗以洪，2021. 打赢脱贫攻坚战与实施乡村振兴战略衔接耦合机制研究［J］. 农业经济（1）：35-37.

王金伟，陈昕蕾，张丽艳，等，2021. 乡村振兴战略视角下民族村寨社区旅游增权研究——以四川省石椅羌寨为例［J］. 浙江大学学报（理学版），48（1）：107-115，130.

王立胜，2007. 人民公社化运动与中国农村社会基础再造［J］. 中共党史研究（3）：28-33.

王平，王密兰，2018. 乡村振兴战略：时代背景、国外经验及实现路径［J］. 怀化学院学报，37（9）：31-36.

魏后凯，2020. "十四五"时期中国农村发展若干重大问题［J］. 中国农村经济（1）：1-16.

武小龙，谭清美，2019. 新苏南模式：乡村振兴的一个解释框架［J］. 华中农业大学学报（社会科学版）（2）：18-26.

习近平，2017-10-27. 决胜全面建设小康社会、夺取新时代中国特色社会主义伟大胜利——在中国共产党第十九次全国代表大会上的报告［EB/OL］. http://www.xinhuanet.com/2017-10/27/c_1121867529.htm.

鄢奋，2019. 公共产品供给均等化：基于乡村振兴战略视阈下的研究［M］. 北京：经济管理出版社.

闫恩虎，2019. 当前中国县域经济发展定位探析［J］. 发展研究（11）：77-82.

杨华，2019. 论以县域为基本单元的乡村振兴［J］. 重庆社会科学（6）：20-33.

杨继绳，2008. 统购统销的历史回顾［J］. 炎黄春秋（12）：47-54.

杨晓军，宁国良，2018. 县域经济：乡村振兴战略的重要支撑［J］. 中共中央党校学报，22（6）：119-125.

易小燕，陈印军，向雁，等，2020. 县域乡村振兴指标体系构建及其评价——以广东德庆县为例［J］. 中国农业资源与区划，41（8）：187-195.

苑文华，2018. 韩国新村运动对我国乡村振兴的启示［J］. 中国市场（28）：31-32+45.

张凤超，张明，2018. 乡村振兴与城乡融合—马克思空间正义视阈下的思考［J］. 华南师范大学学报（社会科学版）（2）：70-75.

张先友，2020. 乡村振兴视域下新乡贤在乡村和谐文化建设中的独特作用［J］. 现代农业研究，26（11）：9-12.

张鑫，李朋瑶，宇振荣，2015. 乡村环境保护和管理的景观途径［J］. 农业资源与环境学报（2）：132-138.

中共中央，国务院，2018-09-26. 乡村振兴战略规划（2018—2022年）［EB/OL］. http://www.gov.cn/zhengce/2018-09/26/content_5325534.htm.

中共江苏省委，2020-12-28. 江苏省国民经济和社会发展第十四个五年规划和二〇三五年远景目标的建议［EB/OL］. http://www.jiangsu.gov.cn/art/2020/12/28/art_37384_9616144.html？gqnahi＝affiy2.

中共江苏省委，江苏省人民政府，2020-08-12. 关于深入推进美丽江苏建设的意见［EB/OL］. http://www.zgjssw.gov.cn/fabuting/shengweiwenjian/202008/t20200812_6765002.shtml.

中共江苏省委．江苏省人民政府，2018-05-14. 关于推进乡村振兴战略的实施意见（苏发〔2018〕1号）［EB/OL］. http://www.jiangsu.gov.cn/

art/2018/5/14/art_59164_7637384.html.

中共中央,2008-10-19.关于推进农村改革发展若干重大问题的决定[EB/OL].http://www.gov.cn/jrzg/2008-10/19/content_1125094.htm.

中共中央,国务院,2006-12-31.关于积极发展现代农业扎实推进社会主义新农村建设的若干意见(中发〔2007〕1号)[EB/OL].http://www.gov.cn/gongbao/content/2007/content_548921.htm.

中共中央,国务院,2015-05-05.关于加快推进生态文明建设的意见[EB/OL].http://www.gov.cn/xinwen/2015-05/05/content_2857363.htm.

中共中央,国务院,2018-02-14.关于实施乡村振兴战略的意见[EB/OL].http://www.gov.cn/xinwen/2018-02/04/content_5263807.htm.

中共中央,国务院,2019-05-05.关于建立健全城乡融合发展体制机制和政策体系的意见[EB/OL].http://www.gov.cn/zhengce/2019-05/05/content_5388880.htm.

中共中央,国务院,2019-05-23.关于建立国土空间规划体系并监督实施的若干意见[EB/OL].http://www.gov.cn/zhengce/2019-05/23/content_5394187.htm.

中共中央,国务院,2019-10-27.新时代公民道德建设实施纲要[EB/OL].http://www.gov.cn/gongbao/content/2019/content_5449646.htm.

中共中央,国务院,2021-02-21.关于全面推进乡村振兴加快农业农村现代化的意见[EB/OL].http://www.gov.cn/xinwen/2021-02/21/content_5588098.htm.

中共中央办公厅,国务院办公厅,2017-09-30.关于创新体制机制推进农业绿色发展的意见[EB/OL].http://www.gov.cn/zhengce/2017-09/30/content_5228960.htm.

中共中央办公厅,国务院办公厅,2019-05-16.数字乡村发展战略纲要[EB/OL].http://www.gov.cn/zhengce/2019-05/16/content_5392-269.htm.

中共中央办公厅,国务院办公厅,2019-07-10.关于加快推进公共法律服务体系建设的意见[EB/OL].http://www.gov.cn/zhengce/2019-07/10/content_5408010.htm.

中共中央办公厅,国务院办公厅,2019-11-01.关于在国土空间规划中统筹划定落实三条控制线的指导意见[EB/OL].http://www.gov.cn/zhengce/2019-11/01/content_5447654.htm.

中共中央党史和文献研究院，2019. 习近平关于"三农"工作论述摘编［M］. 北京：中央文献出版社.

中国小康建设研究会，2020. 全国乡村振兴优秀案例［M］. 北京：中国农业出版社.

中华人民共和国国务院，2021-03-13. 中华人民共和国国民经济和社会发展第十四个五年规划和2035年远景目标纲要［EB/OL］. http://www.gov.cn/xinwen/2021-03/13/content_5592681.htm.

中华人民共和国农业部，2014-02-26. 特色农产品区域布局规划（2013—2020年）［EB/OL］. http://www.gov.cn/xinwen/2014/02/26/content_2623476.htm.

中华人民共和国农业部，2015-02-12. 关于进一步调整优化农业结构的指导意见（农发〔2015〕2号）［EB/OL］. http://www.gov.cn/xinwen/2015-02/12/content_2818492.htm.

中华人民共和国农业部，2015-04-13. 关于打好农业面源污染防治攻坚战的实施意见（农科教发〔2015〕1号）［EB/OL］. http://www.gov.cn/xinwen/2015-04/13/content_2845996.htm.

中华人民共和国农业部，2015-05-27. 全国农业可持续发展规划（2015—2030年）［EB/OL］. http://ceshi.moa.gov.cn/gk/ghjh_1/201505/t20150527_4620031.htm.

中华人民共和国农业部，2016-09-01. 关于大力发展休闲农业的指导意见（农加发〔2016〕3号）［EB/OL］. http://www.moa.gov.cn/govpublic/XZQYJ/201609/t20160902_5262939.htm.

中华人民共和国农业农村部，2018-07-06. 农业绿色发展技术导则（2018—2030年）（农科教发〔2018〕3号）［EB/OL］. http://www.moa.gov.cn/govpublic/KJJYS/201807/t20180706_6153629.htm.

中华人民共和国农业农村部，2018-08-20. 关于深入推进生态环境保护工作的意见（农科教发〔2018〕4号）［EB/OL］. http://www.moa.gov.cn/nybgb/2018/201808/201809/t20180922_6157819.htm.

中华人民共和国农业农村部，2020-07-09. 全国乡村产业发展规划（2020—2025年）［EB/OL］. http://www.gov.cn/zhengce/zhengceku/2020-07/17/content_5527720.htm.

中华人民共和国农业农村部办公厅，2018-09-30. 乡村振兴科技支撑行动实施方案［EB/OL］. http://www.moa.gov.cn/gk/ghjh_1/201809/t20180-

930_6159733.htm.

中央农村工作领导小组办公室等七部门，2020-08-11. 关于扩大农业农村有效投资 加快补上"三农"领域突出短板的意见（中农发〔2020〕10 号）[EB/OL]. http://www.moa.gov.cn/nybgb/2020/202007/202008/t20200811_6350190.htm.

朱晋伟，詹正华，2008. 论农村的集约型发展战略—苏南农村实施工业、农业、农村居民三集中战略的机理分析 [J]. 改革与战略（9）：86-88.

祝云，2020. 记住乡愁：民间音乐文化传承教育理论与实践 [M]. 成都：西南交通大学出版社.